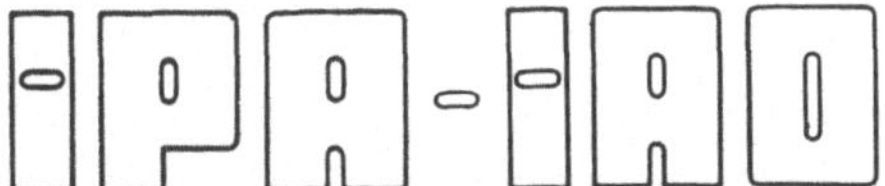

IPA-IAO
Forschung und Praxis

Band 100

Berichte aus dem
Fraunhofer-Institut für Produktionstechnik
und Automatisierung (IPA), Stuttgart,
Fraunhofer-Institut für Arbeitswirtschaft
und Organisation (IAO), Stuttgart, und
Institut für Industrielle Fertigung und
Fabrikbetrieb der Universität Stuttgart

Herausgeber: H. J. Warnecke und H.-J. Bullinger

Thomas Zipse

Konzeption und Auswahl modularer Magazinpaletten

Mit 54 Abbildungen

Springer-Verlag
Berlin Heidelberg New York Tokyo 1987

Dipl.-Ing. Thomas Zipse

Fraunhofer-Institut für Produktionstechnik und Automatisierung (IPA), Stuttgart

Dr.-Ing. H. J. Warnecke

o. Professor an der Universität Stuttgart
Fraunhofer-Institut für Produktionstechnik und Automatisierung (IPA), Stuttgart

Dr.-Ing. habil. H.-J. Bullinger

o. Professor an der Universität Stuttgart
Fraunhofer-Institut für Arbeitswirtschaft und Organisation (IAO), Stuttgart

D 93

ISBN-13:978-3-540-17584-1   e-ISBN-13:978-3-642-83044-0
DOI: 10.1007/978-3-642-83044-0

Das Werk ist urheberrechtlich geschützt. Die dadurch begründeten Rechte, insbesondere die der Übersetzung, des Nachdrucks, der Entnahme von Abbildungen, der Funksendung, der Wiedergabe auf photomechanischem oder ähnlichem Wege und der Speicherung in Datenverarbeitungsanlagen bleiben, auch bei nur auszugsweiser Verwendung, vorbehalten. Die Vergütungsansprüche des § 54, Abs. 2 UrhG werden durch die „Verwertungsgesellschaft Wort", München, wahrgenommen.
© Springer-Verlag, Berlin, Heidelberg 1987.

Die Wiedergabe von Gebrauchsnamen, Handelsnamen, Warenbezeichnungen usw. in diesem Werk berechtigt auch ohne besondere Kennzeichnung nicht zu der Annahme, daß solche Namen im Sinne der Warenzeichen- und Markenschutz-Gesetzgebung als frei zu betrachten wären und daher von jedermann benutzt werden dürften.

Gesamtherstellung: Copydruck GmbH, Heimsheim
2362/3020—543210

Geleitwort der Herausgeber

Futuristische Bilder werden heute entworfen:

o Roboter bauen Roboter,

o Breitbandinformationssysteme transferieren riesige Datenmengen in
  Sekunden um die ganze Welt.

Von der "menschenleeren Fabrik" wird da gesprochen und vom "papierlo-
sen Büro". Wörtlich genommen muß man beides als Utopie bezeichnen,
aber der Entwicklungstrend geht sicher zur "automatischen Fertigung"
und zum "rechnerunterstützten Büro". Forschung bedarf der Perspektive,
Forschung benötigt aber auch die Rückkopplung zur Praxis - insbesondere im Bereich der Produktionstechnik und der Arbeitswissenschaft.

Für eine Industriegesellschaft hat die Produktionstechnik eine Schlüs-
selstellung. Mechanisierung und Automatisierung haben es uns in den
letzten Jahren erlaubt, die Produktivität unserer Wirtschaft ständig
zu verbessern. In der Vergangenheit stand dabei die Leistungssteigerung
einzelner Maschinen und Verfahren im Vordergrund. Heute wissen wir, daß
wir das Zusammenspiel der verschiedenen Unternehmensbereiche stärker
beachten müssen. In der Fertigung selbst konzipieren wir flexible Fertigungssysteme, die viele verkettete Einzelmaschinen beinhalten. Dort,
wo es Produkt und Produktionsprogramm zulassen, denken wir intensiv
über die Verknüpfung von Konstruktion, Arbeitsvorbereitung, Fertigung
und Qualitätskontrolle nach. Rechnerunterstützte Informationssysteme
helfen dabei und sollen zum CIM (Computer Integrated Manufacturing)
führen und CAD (Computer Aided Design) und CAM (Computer Aided Manufacturing) vereinen. Auch die Büroarbeit wird neu durchdacht und mit
Hilfe vernetzter Computersysteme teilweise automatisiert und mit den
anderen Unternehmensfunktionen verbunden. Information ist zu einem
Produktionsfaktor geworden, und die Art und Weise, wie man damit umgeht,
wird mit über den Unternehmenserfolg entscheiden.

Der Erfolg in unseren Unternehmen hängt auch in der Zukunft entscheidend von den dort arbeitenden Menschen ab. Rationalisierung und Automatisierung müssen deshalb im Zusammenhang mit Fragen der Arbeitsgestal-
tung betrieben werden, unter Berücksichtigung der Bedürfnisse der Mitarbeiter und unter Beachtung der erforderlichen Qualifikationen. Investitionen in Maschinen und Anlagen müssen deshalb in der Produktion wie
im Büro durch Investitionen in die Qualifikation der Mitarbeiter be-
gleitet werden. Bereits im Planungsstadium müssen Technik, Organisation
und Soziales integrativ betrachtet und mit gleichrangigen Gestaltungs-
zielen belegt werden.

Von wissenschaftlicher Seite muß dieses Bemühen durch die Entwicklung
von Methoden und Vorgehensweisen zur systematischen Analyse und Verbesserung des Systems Produktionsbetrieb einschließlich der erforderlichen Dienstleistungsfunktionen unterstützt werden. Die Ingenieure
sind hier gefordert, in enger Zusammenarbeit mit anderen Disziplinen,
z. B. der Informatik, der Wirtschaftswissenschaften und der Arbeitswissenschaft, Lösungen zu erarbeiten, die den veränderten Randbedingungen
Rechnung tragen.

Beispielhaft sei hier an den großen Bereich der Informationsverarbei-
tung im Betrieb erinnert, der von der Angebotserstellung über Konstruktion und Arbeitsvorbereitung, bis hin zur Fertigungssteuerung und Qualitätskontrolle reicht. Beim Materialfluß geht es um die richtige Aus-

wahl und den Einsatz von Fördermitteln sowie Anordnung und Ausstattung
von Lagern. Große Aufmerksamkeit wird in nächster Zukunft auch der
weiteren Automatisierung der Handhabung von Werkstücken und Werkzeugen sowie der Montage von Produkten geschenkt werden.

Von der Forschung muß in diesem Zusammenhang ein Beitrag zum Einsatz
fortschrittlicher intelligenter Computersysteme erfolgen. Planungs-
prozesse müssen durch Softwaresysteme unterstützt und Arbeitsbedingun-
gen wissenschaftlich analysiert und neu gestaltet werden.

Die von den Herausgebern geleiteten Institute, das

- Institut für Industrielle Fertigung und Fabrikbetrieb der Universität
  Stuttgart (IFF),

- Fraunhofer-Institut für Produktionstechnik und Automatisierung (IPA),

- Fraunhofer-Institut für Arbeitswirtschaft und Organisation (IAO)

arbeiten in grundlegender und angewandter Forschung intensiv an den
oben aufgezeigten Entwicklungen mit. Die Ausstattung der Labors und
die Qualifikation der Mitarbeiter haben bereits in der Vergangenheit
zu Forschungsergebnissen geführt, die für die Praxis von großem
Wert waren. Zur Umsetzung gewonnener Erkenntnisse wird die Schriftenreihe "IPA-IAO - Forschung und Praxis" herausgegeben. Der vorliegende
Band setzt diese Reihe fort. Eine Übersicht über bisher erschienene
Titel wird am Schluß dieses Buches gegeben.

Dem Verfasser sei für die geleistete Arbeit gedankt, dem Springer-
Verlag für die Aufnahme dieser Schriftenreihe in seine Angebotspa-
lette und der Druckerei für saubere und zügige Ausführung. Möge das
Buch von der Fachwelt gut aufgenommen werden.

H. J. Warnecke · H.-J. Bullinger

Im Gedenken an meinen Vater
meiner Mutter gewidmet

Vorwort

Die vorliegende Arbeit entstand während meiner Tätigkeit als
wissenschaftlicher Mitarbeiter am Fraunhofer-Institut für Produktionstechnik und Automatisierung (IPA), Stuttgart.

Mein besonderer Dank gilt dem Leiter des Instituts, Herrn Prof.
Dr.-Ing. H.-J. Warnecke für seine großzügige Unterstützung und
Förderung, die entscheidend zur erfolgreichen Durchführung die-
ser Arbeit beigetragen hat.

Herrn Prof. Dipl.-Ing., Dr. techn. F. Beisteiner danke ich für
die Übernahme des Koreferats und für die wertvollen Hinweise,
die sich daraus ergaben.

Aus dem Kreis der Kollegen und Kolleginnen des Instituts, die
mich durch ihre Mitarbeit und anregende Kritik unterstützt ha-
ben, möchte ich besonders Herrn Dr.-Ing. M. Schweizer und Herrn
Dipl.-Ing. J. Schuler erwähnen. Herrn Dipl.-Ing. W. Müller danke
ich für die Konstruktion des Magazinsystems, Herrn Dr.-Ing. H.
Uetz für die "Initialzündung" der Arbeit sowie Frau A. Ihle und
Frau S. Rauner für die sorgfältige und engagierte Arbeit bei der
Zeichnungserstellung.

Danken möchte ich auch meiner Frau, Anna und Maria, die mir
diese Arbeit erst ermöglicht, mich stets motiviert haben und dem
zur Anfertigung einer solchen Arbeit erforderlichen Zeitaufwand
großes Verständnis entgegenbrachten.

Stuttgart, im November 1986   Thomas Zipse

0.1   Schrifttum

/1/ Warnecke, H.J.:   Von Taylor zur Fertigungstechnik von
                            morgen.
                            wt-Z.ind.Fertig. 75 (1985) 11,
                            S. 669-674.

/2/ Dauser, R.;   Organisationskonzept zur Sicherung
     Warnecke, H.J.:   der Liefertreue bei minimalen
                            Beständen.
                            In: 25 Jahre IPA: Fraunhofer-Institut
                            für Produktionstechnik und Automati-
                            sierung Stuttgart. Teil 2. München:
                            Fraunhofer-Gesellschaft, 1984.

/3/ Warnecke, H.J.;   Perspektiven der Werkzeugmaschinen-
     Zipse, T.:   produktion in der EG und in Japan.
                            VDI-Z Bd. 127 (1985) 10, S. 351-356.

/4/ Beisteiner, F.;   Fördertechnik im Fertigungsbetrieb.
     Fischer, W.:   VDI-Z Bd. 119 (1977) 7, S. 379-383.

/5/ Schraft, R.D.:   Technologien zur Automatisierung
                            heute und morgen, Maschinen - Hand-
                            habung - Transport.
                            In: Der zeitgemäße Betrieb / Fraunho-
                            fer-Institut für Produktionstechnik
                            und Automatisierung; REFA Verband für
                            Arbeitsstudien und Betreibsorganisa-
                            tion; Rationalisierungskuratorium der
                            deutschen Wirtschaft; Laboratorium
                            für Werkzeugmaschinen und Betriebs-
                            lehre RWTH Aachen. Fachtagung Bad
                            Soden/TS, 14.-15. Februar 1985. o.O.:
                            AWF, 1985.

/6/ Rößner, W.:   Materialflußgestaltung in
                            Fertigungssystemen.
                            Stuttgart, Universität, Diss. 1981.

/7/   Pater, H.-G.:   Komplettierte Peripherie.
                             NC-Fertigung (1984) 6, S. 82-91.

/8/   VDI 2411   Begriffe und Erläuterungen im
                             Förderwesen.
                             Düsseldorf: VDI-Verlag, Juni 1970.

/9/   DIN 30 781   Transportkette, Grundbegriffe.
                             Berlin: Beuth, Februar 1983.

/10/ VDI 2490   Verpackung, Transport und Lagerung
                             von Material.
                             Düsseldorf: VDI-Verlag, Oktober 1973.

/11/ DIN 15 140   Flurförderzeuge; Begriffe,
                             Kurzzeichen.
                             Berlin: Beuth, Oktober 1982.

/12/ VDI 2366   Gliederung der Fördermittel.
                             Düsseldorf: VDI-Verlag, Februar 1963.

/13/ VDI 3300   Materialfluß-Untersuchungen.
                             Düsseldorf: VDI-Verlag, August 1973.

/14/ VDI 3240   Verkettung von Fertigungsein-
                             richtungen; Begriffe, Kennzeichen,
                             Anforderungen.
                             Düsseldorf: VDI-Verlag, 1958.

/15/ VDI 2860, Blatt 1   Montage- und Handhabungstechnik;
                             Handhabungsfunktionen, Handhabungs-
                             einrichtungen, Begriffe, Defini-
                             tionen, Symbole.
                             Düsseldorf: VDI-Verlag, Oktober 1982.

/16/ VDI 2496   Stahlpalette.
                             Düsseldorf: VDI-Verlag, Oktober 1969.

/17/ Shah, R.:

Flexible Fertigungssysteme in Europa: Erfahrungen der Anwender.
VDI-Z Bd. 127 (1985) 17, S. 639-648.

/18/ VDI 2697

Hochregalanlagen mit regalabhängigen Förderzeugen.
Düsseldorf: VDI-Verlag, Juli 1972.

/19/ VDI 2690, Blatt 3

Material- und Datenfluß im Bereich von automatisierten Hochregallagern, Möglichkeiten der Automatisierung.
Düsseldorf: VDI-Verlag, Januar 1981.

/20/ Lindner, H.;
     Nollek, H.:

Supporting Sensors for Vision Guided Robots.
In: Proceedings of the International Conference on Robot Vision and Sensory Controls, 29.-31. Oktober 1985, Amsterdam/NL / Ed. by N.J. Zimmermann. Kempston, Bedford, England: IFS Publ., 1985. S. 419-428.

/21/ Warnecke, H.J.;
     Schmidt-Streier, U.;
     Graf, B.:

Flexible Magazine Systems for Production.
In: Proceedings of the 14th International Symposium on Industrial Robots and 7th International Conference on Industrial Robot Technology: 22.-24. Oktober 1984, Gothenburg/S / Ed. by N. Martensson.Kempston: IFS Publ.; Amsterdam: North Holland-Publ., 1984. S. 529-540.

/22/ Ganiyusufoglu, Ö.S.:

Materialbereitstellungssysteme für flexible Fertigungszellen.
ZwF 79 (1984) 4, S. 159-170.

/23/ o.V.:

Werkstücke mit unterschiedlichen Formen flexibel handhaben und magazinieren.
maschine + werkzeug, Coburg, (1982) 2, S. 32-34.

/24/ Uetz, H.;
      Schuler, J.:

Modulare Handhabungsgeräte und
Werkstückmagazine.
VDI-Z Bd. 126 (1984) 19, S. 687-694.

/25/ Schuler, J.,
      Hardock, G.

Standardisierte Magazinpalette für
flexible Fertigung.
Industrie-Anzeiger 108 (1986) 5,
S. 18-21.

/26/ Schuler, J.;
      Uetz, H.:

Magazine für rotationssymmetrische
Werkstücke: Schlüsselelemente für
flexible Drehzellen.
In: 25 Jahre IPA: Fraunhofer-Institut
für Produktionstechnik und Automatisierung. Teil 2. München: Fraunhofer-
Gesellschaft, 1984. S. 60-65.

/27/ o.V.:

Flexibles Palettensystem für spanende
Werkzeuge und Werkstücke.
dima (1985) 3, S. 20-21.

/28/ Eckhardt, R.:

Anforderungen an Paletten für den
Einsatz in automatisierten Förder-
strecken und Lagersystemen.
Dortmund: ITW, Fachseminar
Ladungsträger, 1985.

/29/ Warnecke, H.J.;
      Zipse, T.:

Modulare Magazine.
Produktion, (1985) 35, S. 3-4.

/30/ Graf, B.:

Flexible Magaziniersysteme.
VDI Nachrichten 32 (1978) 21, S. 13.

/31/ Hesse, S.:

Einsatz und Auswahl von
Magazineinrichtungen.
Fertigungstechnik und Betrieb,
25 (1975) 9, S. 545-548.

/32/ Franzius, H.: Die methodische Zuordnung von Fördermittel und innerbetrieblicher Transportaufgabe. Hannover, Technische Universität, Diss. 1972.

/33/ Fischer, W.: Planung von Transportsystemen für Stückgüter. Fördern und Heben 33 (1983) 3, S. 342-351.

/34/ v. Stetten, R.: Auslegung von Störungspuffern in kapitalintensiven Fertigungslinien. Stuttgart, Universität, Diss. 1974.

/35/ Warnecke, H.J.; Dangelmaier, W.: Progress in Computer Aided Plant Layout. CIRP Annals 33 (1984) 1, S. 321-326.

/36/ Warnecke, H.J.; Zipse, T.; Zeh, K.-P.: Rechnergestützte Planung und digitale Ablaufsimulation flexibler Fertigungssysteme. In: Flexible Fertigungssysteme 17. IPA-Arbeitstagung, 11.-13.9.1984, Böblingen. Berlin u.a.: Springer, 1984. S. 197-211.

/37/ Roth, H.-P.; Zeh, K.-P.: Planungssicherheit durch Simulation. VDI-Z 126 (1984) 12, S. 427-433.

/38/ Dangelmaier, W.: Simulation von Stückgutprozessen mit Simulap. In: Rechnerunterstützte Fabrikplanung für die Gestaltung der Produktion von morgen: Fachtagung 24. und 25. Oktober 1985, Fellbach. Düsseldorf: Verein Deutscher Ingenieure/VDI-Gesellschaft Produktionstechnik (ADB), 1985. S. 197-206.

/39/ Rau, W.: Systematische Auswahl von Förderhilfsmitte für den innerbetrieblichen Materialfluß. Stuttgart, Universität, Diss. 1979.

/40/ Graf, B.: Flexibilität und Kapazität von Werkstückspeichersystemen. Stuttgart, Universität, Diss. 1984.

/41/ Michaelis, D.: Rechnerunterstützte Konstruktion von Funktionssystemen zur flexiblen Handhabung rotationssymmetrischer Werkstücke. Berlin, Technische Universität, Diss. 1980.

/42/ Michaelis, D.: Rechnerunterstützte Planung der Einspannun der Bereitstellung und des Greifens von Drehteilen. HGF-Kurzberichte 84/23. S. 69-70.

/43/ Rittinghausen, H.: Integrierte Materialflußautomatisierung in der Einzel- und Serienfertigung. Berlin, Technische Universität, Diss. 1980.

/44/ Rittinghausen, H.; Sinning, H.: Flexible Materialbereitstellung mit Handhabungsgeräten. Teil 1, HGF-Kurzberichte 79/34, Teil 2, HGF-Kurzberichte 79/36.

/45/ Viehweger, B.: Auslegung von flexiblen Werkstückträgersystemen. HGF-Kurzberichte 80/72.

/46/ Viehweger, B.: Flexible Transportvorrichtungen für
scheibenförmige Werkstücke.
HGF-Kurzberichte 81/29.

/47/ Zipse, T.: Leitlinien zum Einstieg in das computer-
gestützte Produzieren.
Management Zeitschrift io 53 (1984) 4,
S. 174-178.

/48/ Steinhilper, R.: Flexible Fertigungssysteme im In- und
Ausland.
Teil 1. TZ für Metallbearbeitung
        77 (1983) 1, S. 15-22.
Teil 2. TZ für Metallbearbeitung
        77 (1983) 2, S. 15-21.

/49/ Jünemann, R.; Integrierte Materialflußssysteme (IMS)
     Dienhart, U.: zur vorrangigen Anwendung in kleinen
und mittleren Unternehmen.
Ergebnisbericht zur Durchführbarkeits-
studie für das gleichnamige
Forschungsprojekt, Dortmund, 1984.

/50/ Opitz, H.: Werkstückbeschreibendes Klassifizierungssystem. Essen: Girardet, 1968.

/51/ Mai, E.: Formales Beschreibungssystem für ebene
Werkstückgeometrien und Punktmuster.
ZwF 65 (1970) 12, S. 626-633.

/52/ Nassi, I.; Flow Chart Techniques for Structured
     Shneiderman, B.: Programming.
ACM Sigplan Notices, 8 (1973) 1,
S. 12-22.

0.2   Kurzzeichen und Symbole

Kurz- zeichen, Symbol	Einheit	Erläuterung
A	mm	Parametrisiertes geometrisches Maß zur Beschreibung eines Magazins
A	-	Korrekturfaktor
AA	-	Ansicht in technischer Zeichnung
A_E	mm	Lichte Länge eines Einsatzelements
AR	-	Anzahl Reihen
a	mm	Parametrisiertes geometrisches Maß zur Beschreibung von Teilen
a	^{o}	Winkel
a	m/s^2	Beschleunigung
B	mm	Parametrisiertes geometrisches Maß zur Beschreibung eines Magazins
b	mm	Parametrisiertes geometrisches Maß zur Beschreibung von Teilen
B_E	mm	Lichte Breite eines Einsatzelements
B_{max}	-	Maximaler Bedarf an Baukastenelementen
B_{min}	-	Minimaler Bedarf an Baukastenelementen
B_r	-	Realer Bedarf an Baukastenelementen
C	mm	Parametrisiertes geometrisches Maß zur Beschreibung eines Magazins
c	mm	Parametrisiertes geometrisches Maß zur Beschreibung von Teilen
CAD	-	Computer Aided Design (Computer-unterstützte Konstruktion)
CIM	-	Computer Integrated Manufacturing (Computer-integrierte Fertigung)
D	mm	Parametrisiertes geometrisches Maß zur Beschreibung eines Magazins
d	mm	Parametrisiertes geometrisches Maß zur Beschreibung von Teilen
d	-	Delta, klein von Wert

e	-	Exponentialfunktion
e	mm	Parametrisiertes geometrisches Maß zur Beschreibung von Teilen
E	-	Index für Einsatzelement
EDV	-	Elektronische Datenverarbeitung
F	N	Kraft
f	mm	Parametrisiertes geometrisches Maß zur Beschreibung von Teilen
G	N	Gewicht
g	m/s^2	Erdbeschleunigung
g	mm	Parametrisiertes geometrisches Maß zur Beschreibung von Teilen
H	mm	Parametrisiertes geometrisches Maß zur Beschreibung eines Magazins
H	-	Index für Horizontalprismen
HA	-	Index für Abschlußblech
HL	-	Index für Horizonal-Prismenleiste
h	mm	Parametrisiertes geometrisches Maß zur Beschreibung von Teilen
IGF	-	Induktiv geführtes Fahrzeug
INT	-	Mathematische Funktion "Teilen ohne Rest"
i	-	Anzahl zu magazinierender Werkstücke
Ka	-	Kapazität
Ko	DM	Kosten
L	-	Index für Lochplatte
L	-	Index für Leisten
m	kg	Masse
max	-	Maximum (als Index und als Funktion)
min	-	Minimum (als Index und als Funktion)
mod	-	Mathematische Funktion "Modulo"
n	-	Natürliche Zahl
OL	-	Index für Obere Leisten
P	-	Index für Prismengitter
PC	-	Personal Computer
P$_{max}$	mm	Abweichung von der Sollposition
PPS	-	Produktionsplanung- und -steue=rung
PT	-	Index für Trennbleche
PV	-	Index für Vertikalprismenleiste

RG	–	Index für Rastgitter
$\tan$	–	Trigonometrische Funktion "Tangens"
UL	–	Index für Untere Leisten
u	–	Logische "Und"-Funktion
V	mm^3	Volumen eines Körpers
v	mm	Versatz
S	–	Index für Stiftplatte
s	mm	Schwerpunktlage eines Körpers
s	–	Index, den Schwerpunkt kennzeichnend
x	–	Geometrische Hilfsgröße (absolut und als Index)
y	–	Geometrische Hilfsgröße (absolut und als Index)
1	–	Zählindex
2	–	Zählindex

1   <u>Aufgabenstellung und Zielsetzung</u>

1.1   Problemstellung

**Die flexible und automatisierte Produktion verlangt immer wieder
die Entwicklung neuer Produktionsmittel und stellt dabei besonders auch neue Anforderungen an den Materialfluß der Unternehmen,
die Reduzierung von Beständen und Durchlaufzeiten zum Ziele haben
/1, 2, 3/. Es ist erforderlich geworden, immer kleinere Lose in
immer kürzeren Durchlaufzeiten durch die Gesamtproduktion, von
der Rohmaterialbestellung bis zur Auslieferung der Fertigprodukte
zu führen.**

Zieht man die Untersuchungen und Veröffentlichungen in Betracht,
die gezeigt haben, daß Einzelteile und Baugruppen auf ihrem Weg
durch die Produktion nur zu einem sehr geringen Zeitanteil tat-
sächlich "produziert" werden und überwiegend "liegen" und "war-
ten", dann wird deutlich, daß den neuen Anforderungen vor allem
im Materialflußbereich begegnet werden kann /4, 5, 6/.

Der Materialfluß der flexibel automatisierten Produktion wird
hinsichtlich der Förderhilfsmittel und Magazinpaletten heute von
der Euro-Format-Flachpalette (800 x 1200 mm) dominiert. Auch
wenn vereinzelt Lösungen zur Modularisierung von Flachpaletten
realisiert wurden /7/, ist bisher kein geschlossenes System auf
der Basis von Flachpaletten bekannt, das neben dem konstruktiven
Aufbau der Magazinpalette für unterschiedlichste Teile (Werkstücke, Werkzeuge, Spannmittel, Meßmittel, Handhabungsgreifer
usw.) auch ein Verfahren bereitstellt, den Teilen die jeweils
geeignete Magazinpalette zuzuordnen.

1.2   Zielsetzung und Vorgehensweise

Eine Möglichkeit, durch ein neues Konzept für Magazinpaletten,
speziell durch den Einsatz standardisierter und modular aufge-
bauter Magazinpaletten die Gesamtwirtschaftlichkeit im Unterneh-

men über Maßnahmen bei der Gestaltung des Materialflusses zu
verbessern, soll in dieser Arbeit gezeigt werden (Bild 1).

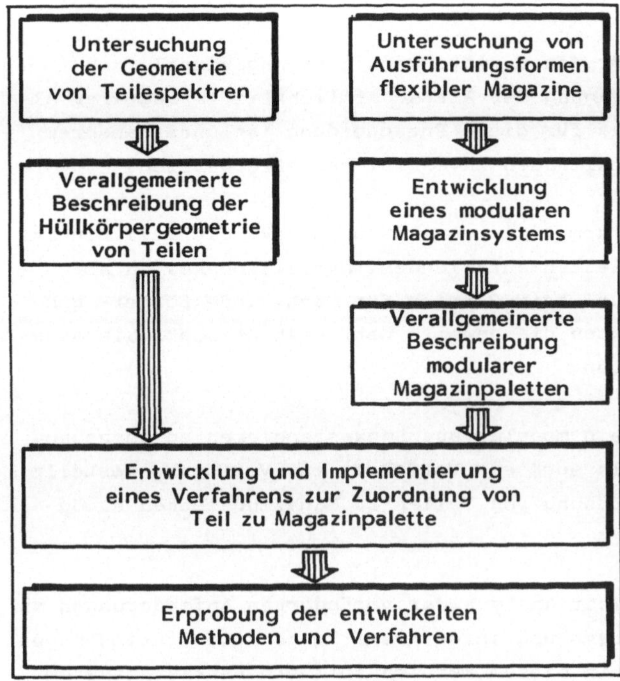

Bild 1: Vorgehensweise bei der Entwicklung und Umsetzung
eines modularen Magazinsystems und eines Zuordnungsverfahrens von Teilen zu Magazinpaletten

Das entwickelte Zuordnungsverfahren von Teilen zu Magazinpaletten soll in erster Linie dem Investitionsplaner im Fertigungsbetrieb sowie dem Vertrieb des Magazinherstellers ein Hilfsmittel
an die Hand geben, das es ermöglicht, künftig modulare Magazinpaletten in Baukastenform in die Entscheidung über neu zu be-
schaffende Magazinpaletten mit einzubeziehen. Vielfach steht der
Fertigungsbetrieb angesichts struktureller Änderungen in Pro-
duktspektrum und Losgrößenverteilung vor der Frage, sein bishe-
riges Materialflußkonzept durch ergänzende Investitionen in För-

dermittel und Magazinpaletten kurzfristig weiter zu nutzen oder
durch Anpassung der Magazinpaletten an die veränderten Bedürfnisse einer langfristig wirksamen Lösung den Vorzug zu geben.

Eine Entscheidung für den Einsatz modularer Magazinpaletten
fällt nach einer Abwägung der Wirtschaftlichkeit verfügbarer Alternativen. Als Basis für diese Entscheidung ist unter anderem
die Kenntnis der anfallenden Investitionen erforderlich.

Ziel der Arbeit ist somit, in der Planungsphase die beim Einsatz
modularer Magazinpaletten anfallenden Investitionskosten ab-
schätzen zu helfen und beim Betrieb für wechselnde Förder- und
Bereitstellungsaufgaben die jeweils betriebskostenoptimale Magazinpalette auszuwählen.

Hierzu soll sowohl ein modular aus Baukastenelementen aufgebau-
tes Magazinsystem als auch ein Verfahren zur Verfügung gestellt
werden, das die Zuordnung von Teilen zu Magazinpaletten ermöglicht.

- Ausgehend von einer Analyse der veränderten Anforderungen an
  Materialflußsysteme und ihrer Auswirkungen auf Einrichtungen
  und Komponenten in diesem Bereich soll ein Baukastensystem
  für Magazinpaletten (Magazinsystem) unter besonderer
  Beachtung von Standardisierung und Modularität erarbeitet
  werden.

- Anschließend ist ein konstruktiver Aufbau eines Baukastensystems für modulare Magazinpaletten auszuarbeiten, der bei
  einfachstem Aufbau höchste Flexibilität hinsichtlich der ma-
  gazinierbaren (förder- und bereitstellbaren) Güter gewährleistet.

- Dann soll eine Systematik zur allgemeingültigen Beschreibung
  sowohl von Teilen als auch von Magazinpaletten bzw. ihren
  Baukastenelementen erstellt werden, um einen Zuordnungsvorgang (Teil - Magazinpalette) algorithmierbar zu machen. Fer-
  ner müssen Einsatzbedingungen und vorbereitende Arbeiten für

die betriebliche Nutzung des Magazinsystems aufbereitet und
in das Zuordnungsverfahren integriert werden.

- Nach der Erarbeitung der genannten Grundlagen ist ein Verfahren herzuleiten, das eine Zuordnung von Magazinpaletten
  innerhalb solcher modularer Systeme (Auswahl der Baukastenelemente) zu praktisch allen unterschiedlichen Förder- und
  Bereitstellungsaufgaben ermöglicht.

- Die für die Algorithmierung des Zuordnungsverfahrens erforderlichen mathematisch-technischen Zusammenhänge sind zu erfassen und in Form eines Programmpakets für die EDV unter
  besonderer Berücksichtigung der Anwendungsfreundlichkeit um-
  zusetzen.

- Anhand ausgewählter praktischer Beispiele soll die Anwendbarkeit des Magazinsystems in Verbindung mit dem Zuordnungsverfahren am konkreten Beispiel untersucht werden.

1.3   Begriffe und Definitionen

Der Materialflußbereich, seine Begriffe, Aufgaben, Kennzahlen
und Einrichtungen sind in einer Reihe von Normen und Richtlinien
definiert /8, 9, 10, 11, 12/. Teilweise für die vorliegende Aufgabenstellung nicht hinreichend definierte Begriffe sollen im
folgenden einander gegenübergestellt und geklärt werden.

1.3.1   Materialflußvorgänge

Die VDI-Richtlinie 3300 bezeichnet den Materialfluß als "die
Verkettung aller Vorgänge beim Gewinnen, Be- und Verarbeiten,
sowie bei der Verteilung von stofflichen Gütern innerhalb fest-
gelegter Bereiche" und gliedert ihn in vier Stufen, wovon die
erste den außerbetrieblichen und die Stufen zwei bis vier den
innerbetrieblichen Materialfluß definieren /13/. Die Unterscheidung der drei innerbetrieblichen Materialflußstufen erfolgt nach

den durch sie verknüpften Bereichen. Steht der Materialfluß **zweiter** Stufe für den Fluß von Material (Werkstücken, Werkzeugen, Hilfsstoffen und Betriebsmitteln aller Art) zwischen abgegrenzten Werkseinheiten (Gebäuden u.ä.) innerhalb eines Werksgeländes, so findet der Materialfluß dritter Stufe innerhalb solcher Werkseinheiten statt. Der Materialfluß vierter Stufe schließlich meint die Verknüpfung aller Vorgänge innerhalb einer Arbeitsstation und bezeichnet so z.B. den Weg eines Werkstücks von der Bereitstellungs- in die Bearbeitungsposition.

In der Praxis hat sich für die teilweise schwer unterscheidbaren Stufen drei und vier in Abweichung von der genannten Norm der Begriff "Verkettung" durchgesetzt /14/.

Der Materialfluß ist die Verknüpfung folgender Vorgänge: Lagern, Transportieren, Handhaben, Bearbeiten, Prüfen und Aufenthalt (s.a. Bild 2):

- **Fördertechnik**
  steht im Rahmen des Oberbegriffs Transporttechnik neben der Verkehrstechnik und bezeichnet nach VDI-Richtlinie 2411 /8/ das "Fortbewegen von Arbeitsgegenständen oder Personen in einem System".

  Es bezeichnet damit die Ortsveränderung von Fördergut zwischen zwei Bereichen der Produktion (z.B. vom Lager zum Fertigungsmittel). In der Regel wird dieser Vorgang von einem Fördermittel (z.B. Rollenbahn) durchgeführt. Das Fördergut kann hierbei entweder einzeln oder im Verbund (als Fördereinheit) mit Hilfe eines Förderhilfs- und Bereitstellungsmittels (z.B. Magazinpalette) gefördert werden.

- **Lagern**
  bezeichnet den "geplanten Aufenthalt des Arbeitsgegenstandes im Materialfluß" an zentralen oder dezentralen Einrichtungen /8/.

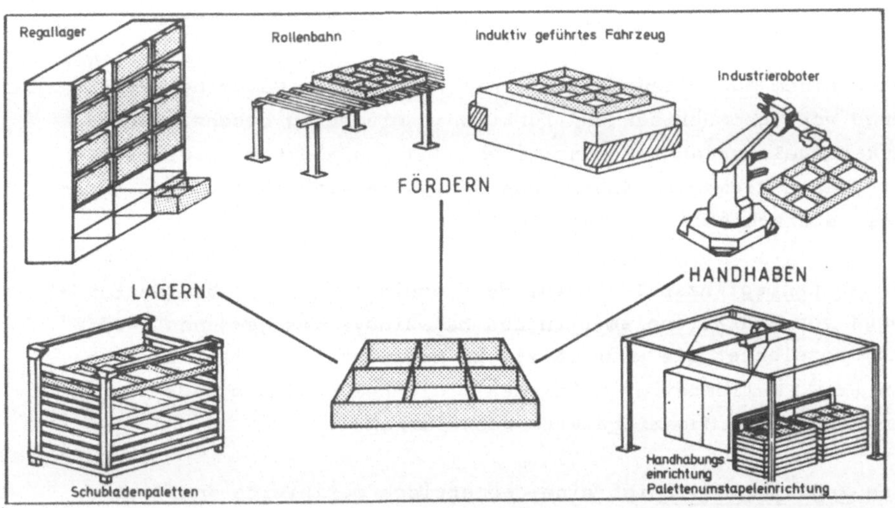

Bild 2: Materialflußvorgänge und ihre Verbindung zum
Förderhilfs- und Bereitstellungsmittel

Analog zum Fördern kann der Vorgang Lagern für das einzelne,
unverbundene Fördergut ebenso wie für Fördergüter im Verbund
durch ein Förderhilfsmittel durchgeführt werden.

- **Handhaben**
  Definiert als "Bewegungen beim Einleiten oder Beenden von
  Vorgängen des Bearbeitens, Prüfens, Förderns, Aufenthalts
  und Lagerns" wird mit diesem Begriff weitgehend einheitlich
  ein Bewegungsvorgang zur Lageänderung (Position, Orientierung)
  von Fördergut aus einer Bereitstellungsposition (z.B. von einer
  Lagereinrichtung) in eine andere Position bezeichnet /8, 15/,
  also z.B. das Eingeben eines Werkstücks aus einer Bereitstel-
  lungseinrichtung bzw. von einem Förderhilfsmittel in eine Be-
  arbeitungseinrichtung. Dabei ist die automatische Durchführung
  des Vorgangs (Handhabungseinrichtung) nicht ausgeschlossen.

Für das Verständnis der nachfolgenden Ausführungen ist die Klärung einiger Begriffe und Definitionen im Zusammenhang mit modularen Magazinpaletten und ihrer Ausführung erforderlich.

Unter einem _Magazinsystem_ wird nachfolgend die Gesamtheit einer Menge von (geometrisch und funktional eindeutig beschriebenen) Baukastenelementen zur Montage von Magazinpaletten verstanden. Mit diesen Elementen kann durch geeignete Kombination eine große Zahl unterschiedlicher Teile aufgenommen werden.

Ein **Aufnahmeprinzip** (kann aus der Kombination einer begrenzten Menge von Baukastenelementen des Magazinsystems gewonnen werden und) bezeichnet die grundsätzliche Möglichkeit, Teile aufzunehmen (z.B. Wellenteile in Prismen). Hierbei sind die Maße der einsatzfähigen Magazinpalette noch variabel.

Eine _Magazingestalt_ ist eine geometrisch definierte Kombination von Baukastenelementen, die aus einem Aufnahmeprinzip durch die Zuordnung geometrisch spezifizierter Baukastenelemente gebildet wird und in der Lage ist, eine konkrete Magazinieraufgabe (Förder- und Bereitstellungsaufgabe) zu erfüllen. Die Magazingestalt beschreibt damit eine einsatzfähige Magazinpalette.

1.3.2   Magazinpaletten - Aufgaben und Kennzahlen

Magazinpaletten, als Ausführungsmöglichkeit von Förderhilfs- und Bereitstellungsmitteln in einer Einheit, werden in der industriellen Fertigung dazu eingesetzt, Werkstücke, Werkzeuge, Meßmittel oder Vorrichtungen geordnet oder teilgeordnet aufzunehmen und zur Fördereinheit (bzw. Lager-, Bereitstellungseinheit) zusammenzufassen. Sie werden in Verbindung mit allen Vorgängen (Fördern, Lagern und Handhaben) des Materialflusses eingesetzt. In Form von Magazinpaletten werden sie auch als "tragbare Plattform ... zum Zusammenfassen von Gütern zu einer Ladeeinheit" und zur Teilebereitstellung bezeichnet /16/.

Für den betrieblichen Einsatz von Magazinpaletten sind folgende
Kennzahlen von Bedeutung:

- Kapazität und damit die Anzahl Teile je Magazineinheit,

- Kosten des Gesamtmagazins, gegliedert nach Investitions- und
  Montagekosten (bei modular aufgebauten Magazinpaletten) sowie

- Kosten je magaziniertes Teil, **die** als Quotient aus Kosten
  und Kapazität eine wesentliche Vergleichsmöglichkeit konkur-
  rierender Magazinpaletten **bilden**

- Geometrische Abmessungen (Länge und Breite) der Magazinpaletten, die als Elemente der Schnittstellengestaltung zum
  Fördermittel den Einsatzbereich von Magazinpaletten kenn-
  zeichnen.

1.4   Stand der Technik

Die Entwicklungen im gesamtem Materialflußbereich der flexibel
automatisierten Produktion sind dadurch gekennzeichnet, daß sich
der Schwerpunkt weg von der Erzielung höherer Lagerdichten (Net-
tovolumen zu Bruttovolumen) hin zur Flexibilisierung und Automa-
tisierungseignung aller Komponenten verlagert hat /17/.

Lagersysteme in Form von Hochregallagern mit automatischen Re-
galbediengeräten haben verbreitet Einsatz gefunden /18, 19/. In
Verbindung mit rechnergestützten Lagerverwaltungs- und Steue-
rungssystemen bieten sie höchste Flexibilität bei gleichzeitig
hohem Automatisierungsgrad. Der Materialflußvorgang "Lagern"
wird aber nicht nur zentral, sondern häufig auch dezentral in
Form maschinennaher Bereitstellungs- und Versorgungseinrichtun-
gen für Werkstücke und Werkzeuge realisiert.

Der Materialflußvorgang "Fördern" wird auch automatisiert, wobei
zunehmend flexibel unterschiedliche Produktions- und Lagerein-
richtungen miteinander verknüpft werden. Handhabungseinrichtungen, die den Vorgang "Handhaben" im Materialfluß abdecken, sind
zunehmend frei programmierbar und werden durch neue Entwicklungen im Bereich der Sensorik und der Programmiertechnik immer
wirtschaftlicher /20/.

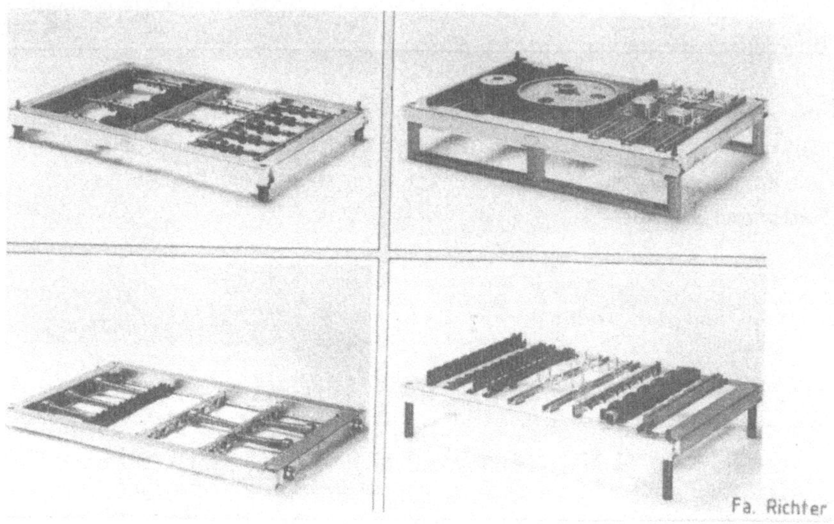

Bild 3: Standardisierte Magazinpalette (Arbeitskreis
"Magazinierung in Rotationsteilefertigungen")

Die unterschiedlichen Vorgänge des Materialflusses dürfen nicht
nur einzeln betrachtet werden. Produktionssysteme wie flexible
Fertigungs- und Montagesysteme, benötigen eine einheitliche Verknüpfung der Vorgänge (Teilfunktionen) /21/. Die funktionale und
technische Abstimmung der Funktionsträger (Fahrzeuge, Übergabe-
einrichtungen usw.) nimmt im Rahmen der Gesamtplanung immer mehr
Raum in der Planung von Materialflußsystemen ein.

Magazine, in weiten Bereichen der flexibel automatisierten Fertigungs- und Montagetechnik als Magazinpaletten ausgeführt, sind als wichtiges verbindendes Element der Funktionsträger erkannt worden, wodurch eine Vielzahl unterschiedlicher und nicht kompatibler Magazinpaletten entstand /22, 23, 24/.

Speziell für die Magazinierung von Rotationsteilen im Fertigungsbereich hat deshalb ein "Arbeitskreis Magazinierung in Rotationsteilefertigungen" die herstellerunabhängige Standardisierung funktionswichtiger Schnittstellen von Magazinpaletten zum Einsatz in flexibel automatisierten Rotationsteilefertigungen (Dreh- oder Schleifzellen) erarbeitet (Bild 3) /25, 26/. Diese ermöglicht, im Unterschied zum bisherigen Stand, die Versorgung der marktgängigen Fertigungszellen für Rotationsteile aus einheitlichen Magazinpaletten.

1.4.1   Magazinpaletten - Konzepte und Verbreitung

Magazinpaletten haben wegen der Einfachheit des Zugriffs auf die Teile, dem hohen Raumnutzungsgrad und der guten Möglichkeiten, Teile positioniert und orientiert bereitzustellen, bei gleichzeitig günstigen Investitionskosten in der automatisierten flexiblen Fertigung weiteste Verbreitung erlangt /27, 28/.

Die Vielfalt geometrisch unterschiedlicher Teile führte zu einer entsprechenden Vielfalt unterschiedlicher Magazinsysteme (Bild 4) /29/. Flexible Magazinsysteme wurden bereits verschiedentlich in der Form vorgestellt, daß auf der Basis eines einheitlichen Grundrahmens unterschiedliche Aufnahmeelemente und damit Teile aufgenommen werden können.

Neben der Euro-Format-Flachpalette werden in einigen Unternehmen noch Betriebsnormen zur Standardisierung abweichender Magazinpalettenformate angewandt.

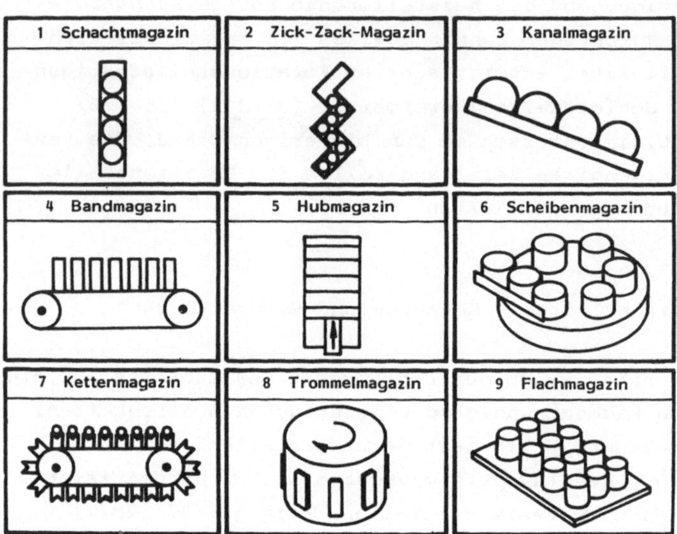

Bild 4: Konstruktiv unterschiedliche Ausführungsbeispiele
von Magazinen /44/

Einzelne Ansätze, durch Modularisierung die Wirtschaftlichkeit
von Magazinpaletten zu erhöhen, sind aus /30/ bekannt (Bilder 5, 6).

Hierbei handelt es sich jeweils um Baukastensysteme, die aus
Profilblech hergestellt werden und zur Aufnahme von Werkzeug-
schäften und Rotationsteilen, und zwar vorwiegend Scheibenteilen
vorgesehen sind.

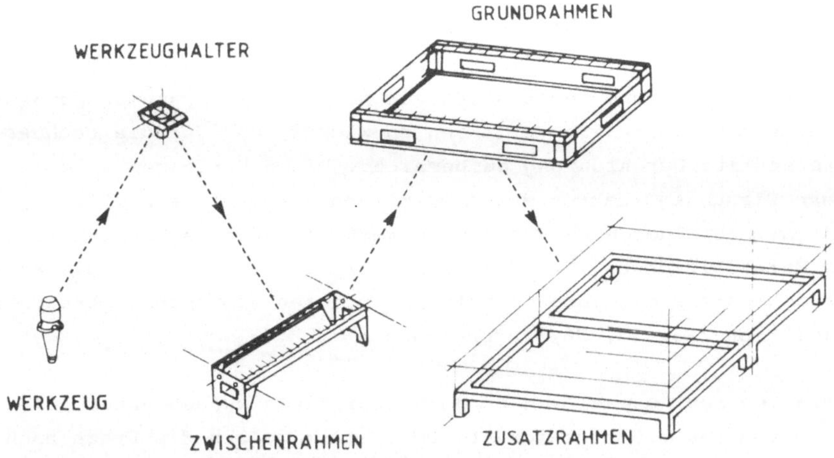

Bild 5: Modulares Magazinsystem /6/

Bild 6: Modulares Magazinsystem (nach ZF)

1.4.2   Rechnerunterstützung in Planung und Betrieb von
         Materialflußsystemen

Für die Planung und den Einsatz von Materialflußsystemen wurde
bereits eine Reihe von Verfahren entwickelt und für die rechnerunterstützte Durchführung aufbereitet. Diese Verfahren sind zum
einen Planungsverfahren zur Auswahl von Fördermitteln /31, 32,
33/ bzw. zur Anordnung von Betriebsmiteln unter Berücksichtigung
des Materialflusses /34, 35/. Zunehmend findet für flexible Fertigungssysteme mit ihren komplexen Abläufen die rechnergestützte
Simulation /36, 37, 38/ Verbreitung.

Verfahren zur Auswahl von Förderhilfsmitteln wurden unter anderem von Rau /39/ entwickelt. Dort steht jedoch die Frage nach
der Art des Förderhilfsmittels (z.B. Flachpalette oder Gitter-
boxpalette) im Vordergrund.

Graf /40/ untersuchte rechnergestützt die optimale Belegung von
Flachpaletten unter Berücksichtigung einer Vielzahl von Randbedingungen, wie vor allem der Greifbarkeit der Teile bei der automatischen Handhabung.

Für die Auswahl von Aufnahmeelementen bzw. deren Anordnung in
Magazinpaletten sind nur wenige Arbeiten bekannt, die das Problem unter sehr stark eingeschränkten Flexibilitätsanforderungen
beleuchten. Michaelis analysiert Aufnahmeelemente für Rotationsteile und ordnet ein Rotationsteilespektrum unter Berücksichtigung geometrischer und fertigungstechnischer Größen einem
Spektrum von Aufnahmemöglichkeiten zu /41, 42/.

Auf der Basis eines einfachen Systems zur Aufnahme von scheiben-
förmigen Rotationsteilen in vertikaler Achslage stellt Rittinghausen ein rechnergestütztes Verfahren zur Auswahl und Anordnung
von Aufnahmeelementen vor /43, 44/. Ähnliches wird von Viehweger
/45, 46/ dargestellt.

Lösungen zur Gesamtheit der Magazinieraufgaben mit der Betrachtung aller prismatischen und aller rotationssymmetrischen
Teile in beliebiger Achslage sowie zur vollständigen Zuordnung
von Aufnahmeelementen zum einzelnen Werkstück aus heterogenen
Werkstückspektren auf der Basis eines praxisgerechten Baukastensystems für Magazinpaletten sind nicht bekannt.

2 Neue Anforderungen an Materialflußsysteme und -einrichtungen

2.1 Automatisierung von Transport- und Handhabungseinrichtungen

Die peripheren Funktionen von Werkzeugmaschinen werden zunehmend
mit Hilfe automatisierter Einrichtungen erfüllt und führen so zu
Fertigungssystemen bzw. Produktionssystemen. Numerische
Steuerungen, Werkzeug-, Werkstück-, Spannmittelwechselein-
richtungen sowie das Messen in oder außerhalb der Maschine in
automatisierter Form ist heute bei vielen Herstellern und einer
Reihe von Anwendern bereits zum Stand der Technik geworden
(Bild 7).

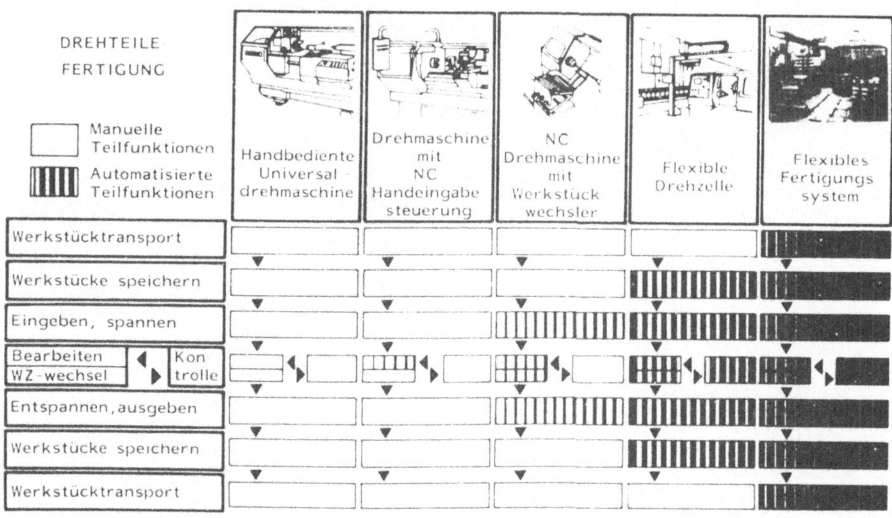

Bild 7: Stufen des Automatisierungsgrades in der Teilefertigung

Gerade im Materialflußbereich wurde im Zuge der Bemühungen um
eine Automatisierung der Gesamtproduktion eine Vielzahl von Entwicklungen durchgeführt. **Problematisch ist bei all diesen Entwicklungen aber ihre große Vielfalt und geringe Kompatibilität
untereinander. So wurden bereits Fertigungssysteme installiert,**
bei denen in einem System unterschiedliche Transport- und Handhabungseinrichtungen betrieben werden, die jeweils die unterschiedlichen Funktionen

- Versorgung der maschinennahen Pufferplätze mit Werkstücken
  und des Werkzeugspeichers mit Werkzeugen,

- Versorgung der Maschinen mit Werkstücken aus den Puf-
  ferplätzen und

- Übergabe der Werkzeuge aus dem Werkzeugspeicher in die Magazine der einzelnen Maschinen

durchführen. Mangels Standardisierung und Flexibilität der am
Markt befindlichen Transport- und Handhabungseinrichtungen sind
so häufig unterschiedliche und nicht kompatible Einrichtungen
erforderlich, wenn ein hoher Automatisierungsgrad angestrebt
wird.

2.2 Vielfalt divergierender Entwicklungen

Die Problematik nicht kompatibler Materialflußkomponenten wird
am Beispiel der Versorgung von Drehzellen mit Werkstücken besonders deutlich: unterschiedliche Drehmaschinenhersteller bieten
Drehzellen an, die nicht nur verschiedene Handhabungseinrichtungen (Kinematik, Steuerung) besitzen, sondern bei denen auch
die Paletten nicht austauschbar sind, also die Magazinpaletten
des einen Drehmaschinenherstellers nicht in der Umstapelein-
richtung des anderen verwendet werden können. Bei Magazinpaletten ebenso wie bei der in Europa (im Unterschied zu Japan) bisher noch nicht normierten Gestalt von Werkstückträgern (Maschinenpaletten) für Bearbeitungszentren wird so eine kostengünsti-

ge - weil gemeinsam in großen Stückzahlen erfolgende - Herstellung von Magazinpaletten auf der Anbieterseite verhindert. Zusätzlich wird eine unnötig große Bindung des Anwenders an ein System, einen Hersteller verursacht oder es sind hohe Kosten für die mehrfache Ausstattung mit Magazinpaletten erforderlich.

2.3 Äußere Einflußfaktoren auf den Materialfluß

Allgemeine Entwicklungen wie reduzierte Losgrößen bei erhöhter Teilevielfalt führen naturgemäß ebenso wie technische Neuerungen in der Produktion und in ihrem gesamten Umfeld zu neuen Anforderungen speziell an die Vorgänge und Einrichtungen im Materialfluß als Bindeglied und Schnittstelle zwischen allen Bereichen der Produktion.

2.3.1 Veränderung von Durchlaufzeiten, Fertigungs- und Montagelosgrößen

Vor allem die Investitions- und Gebrauchsgüterindustrie sind aus zwei Gründen gezwungen worden, ihre Produktionsphilosophie zu ändern:

1. Als Folge des steigenden Kostendrucks "muß immer näher am Markt produziert werden", d.h. bei immer kürzerem Durchlauf durch die Fertigung sind stark unterschiedliche End- und Zwischenprodukte termingerecht herzustellen.

2. Die direkte Folgerung daraus ist die Forderung nach kleineren (wirtschaftlichen) Losgrößen in Produktion und Montage, die es erst ermöglichen, praktisch ohne Zwischen- und Endlagerbestände auszukommen (Bild 8).

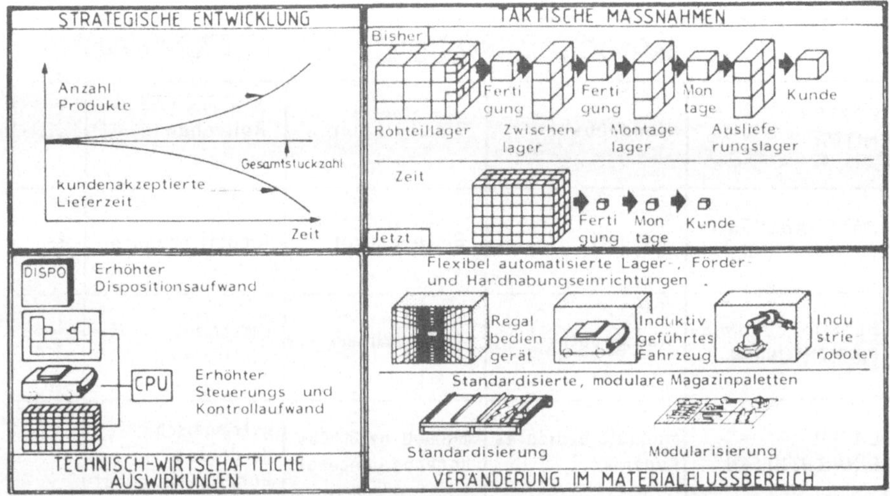

Bild 8: Einflüsse auf den Materialfluß und ihre Auswirkungen
auf Materialflußeinrichtungen

Da diese Forderungen aber mit den konventionellen Fertigungs-
und Materialflußmitteln nicht zu erfüllen waren, wurde zunächst
der Widerspruch zwischen der gleichzeitigen Forderung nach Flexibilität und Produktivität der Fertigungsmittel (u.a. durch
NC-gesteuerte Werkzeugmaschinen) gelöst. Zunehmend haben auch
die Hersteller von Transport- und Handhabungseinrichtungen diese
Entwicklung erkannt und ihre Produkte der flexiblen Automatisierung zugänglich gemacht (Bild 9).

2.3.2   Automatisierung aller Materialflußvorgänge

Zwischen den Materialflußfunktionen Lagern, Fördern, Handhaben
und Bearbeiten ist die Magazinpalette Verbindungsglied. Die
einzelnen Vorgänge wurden teilweise bereits sehr früh in Form von
Einzellösungen automatisiert.

AUTOMATISIERUNGSGRAD →				
FÖRDER-MITTEL	Handhubwagen	Gabelstapler	Rollenbahn	...
HANDHABUNGS-EINRICHTUNGEN	manuell	Einlegegerät	Industrieroboter	...
BEREITSTELLUNGS-EINRICHTUNGEN	Ablagebock	Takteinrichtung	Umstapel-einrichtung	...
LAGER-EINRICHTUNGEN	manuell bedientes Lager	manuell geführtes Lagerbediengerät	automatisch geführtes Lagerbediengerät	...

<u>Bild 9</u>: Materialflußeinrichtungen mit unterschiedlichem Automatisierungsgrad

Ein wesentliches Problem ist dabei die im Lager- und Förder-
bereich geforderte Flexibilität wegen der gleichermaßen wichti-
gen Anforderung, nur mit einer begrenzten Anzahl unterschiedlicher Förderhilfsmittel (Behälter, Magazinpaletten u. dgl.) zu
operieren.

Beim Materialfluß bezieht sich die "Flexibilität" nur zum ge-
ringeren Teil auf die eingesetzten Förderhilfsmittel und in viel
höherem Maße auf die zu handhabenden Teile. Wellen- oder Schei-
benteile, gehäuseförmige oder Flachteile lassen sich oft in einem Förderhilfsmittel mit einheitlicher Schnittstelle zum Fördermittel transportieren, können aber praktisch nie durch eine
einheitliche Handhabungseinrichtung (Greifer, Steuerung) in eine
einheitliche Bearbeitungsmaschine eingegeben werden.

Weiter war die Entwicklung zur flexiblen Automatisierung in der
Handhabungstechnik gegenüber dem erreichten Stand in Lager- und
Förderwesen lange Zeit auch deshalb im Rückstand, weil einerseits die erforderlichen flexiblen und programmierbaren Handhabungseinrichtungen erst in jüngerer Zeit in Verbindung mit Entwicklungen zu ihrer vereinfachten Programmierung (Sensorunter-
stützung) und flexibleren Peripherie (Greiferwechsel) prakti-
sche Anwendungsreife erlangt haben und andererseits flexible Magazinpaletten für den industriellen Einsatz nicht verfügbar waren.

2.3.3 Informationstechnische Integration in CIM-Systeme

Durch die gleichzeitige Verringerung von Durchlaufzeiten und
Losgrößen in der Produktion fällt mit der flexiblen Automatisierung in Disposition und Fertigungssteuerung eine sehr viel
größere Datenmenge an als früher.

Die erhöhte Komplexität der anfallenden Aufgaben ist nur mit
Hilfe integrierter, computerunterstützter Lösungen (CIM) zu bewältigen. In diese Integration muß auch ganz selbstverständlich
der gesamte Komplex des betrieblichen Materialflusses fallen
/47/.

Um die Verbindung mit dem Steuerungssystem sicherzustellen, werden sowohl geeignete Kodiermöglichkeiten an den Magazinpaletten
als auch die entsprechenden Lese- und ggf. auch Kodierstationen
in der Fertigung eingesetzt, um damit auch die Informationsü-
bertragung vom/zum Fördermittel (z.B. IGF - Induktiv geführtes
Fahrzeug) sicherzustellen.

3   Notwendigkeit und Anforderungen an modulare
      Magazinpaletten

Die bislang gängigen Systeme in der automatisierten und flexiblen spanenden Fertigungstechnik unterschieden ganz grundsätzlich
zwischen der Rotationsteil- und damit überwiegend Drehbearbeitung einerseits und der prismatische Teilefertigung und damit
Bohr- und Fräsbearbeitung auf der anderen Seite /48/.

- Die Drehbearbeitung ist durch typischerweise kurze Bearbei-
  tungszeiten gegenüber der Bohr- und Fräsbearbeitung gekennzeichnet.

- Die Rotationsteilefertigung (Drehbearbeitung) bietet gegenüber der Fertigung prismatischer Teile häufiger die Möglichkeit zur Komplettbearbeitung eines Teils auf einer Maschine
  ohne zwischengeschalteten Umrüstvorgang.

- Bei der Rotationsteilbearbeitung kann das Spannmittel häufig
  bis zum Umrüsten auf der Maschine verbleiben. Die zu bear-
  beitenden Werkstücke werden in der überwiegenden Anzahl der
  Anwendungsfälle direkt in die Bearbeitungsposition einge-
  wechselt. Für die Bohr- und Fräsbearbeitung in flexiblen
  Systemen hat sich das Verfahren verbreitet, mit fertig
  gespannten Werkstücken (Werkstückträger einschließlich
  Spannvorrichtung) in die Maschine (z.B. Bearbeitungszentrum)
  einzufahren.

- Für die prismatischen Teile ist zudem für die Bearbeitung
  neben der Positionierung auch eine Orientierung in drei
  Achsen erforderlich, während Rotationsteile in der Regel nur
  in zwei Achsen orientiert werden müssen (Bild 10).

Mittlerweile nähern sich diese beiden gegensätzlichen Lösungen
für das Spannen von Rotationsteilen (in der Maschine) und prismatischen Teilen (an einem separaten Spannplatz) einander wieder. Um den Kostenaufwand für die Bereitstellung der erforderlichen, oft großen Zahl teurer Maschinenpaletten und Spannvor-

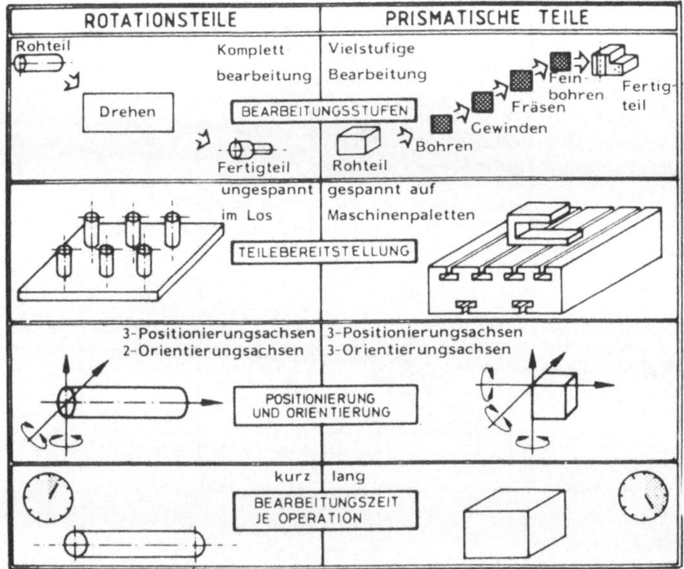

Bild 10: Typische Merkmale zur Unterscheidung der Fertigung
von Rotationsteilen und prismatischen Teilen

richtungen zu reduzieren, ist es im Bereich der automatischen
Teilehandhabung und des automatischen Spannens dank moderner
Sensortechnik möglich, Werkstücke für die Bohr- und Fräsbearbeitung ähnlich wie bislang Drehteile auf einfachen, kostengünsti-
gen Magazinpaletten bereitzustellen und erst unmittelbar vor Beginn der Bearbeitung zu spannen.

Modulare Magazinpaletten bieten unter Berücksichtigung der genannten Randbedingungen ein kostengünstiges, weil flexibles und
trotzdem standardisierbares Magazinsystem für alle Bereiche der
Produktion rotatorischer wie prismatischer Teile und für eine
große Vielfalt von Aufgabenstellungen an.

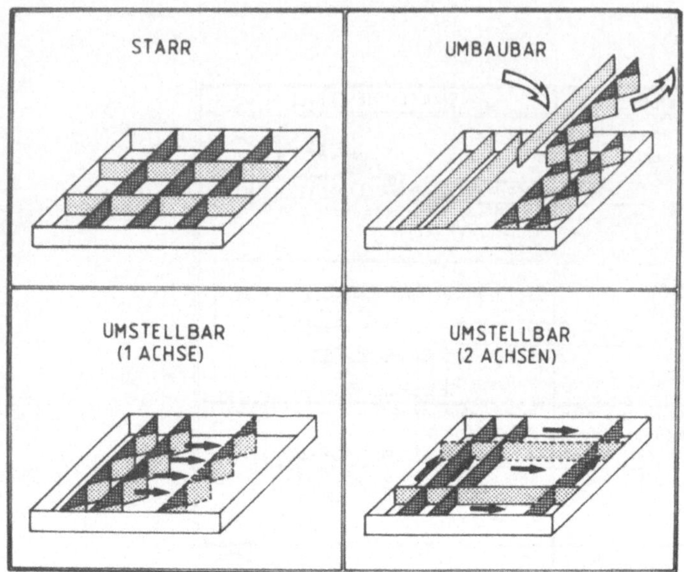

Bild 11: Flexibilität von Magazinpaletten durch
Umbauen oder Umstellen

Die Modularität solcher Magazinsysteme beschränkt sich dabei
nicht nur auf die äußere Magazingestalt mit variabler Kapazität,
sondern muß insbesondere Möglichkeiten bieten, mit einer geringen Anzahl einfacher Elemente, die schnell und einfach umbau-
oder umstellbar (flexibel) sind, für ein umfangreiches Spektrum
unterschiedlicher Teile einsetzbar zu sein (Bild 11).

3.1 Unterschiede zwischen Produktions- und Fördereinheiten

Abnehmende Losgrößen und die Standardisierung vieler Fördermittel und Förderhilfsmittel auf das Euro-Format (800 x 1200 mm)
führen häufig zu einer ungenügenden Nutzung der verfügbaren För-
derkapazität. Das dadurch bedingte höhere Förderaufkommen führt
bei der derzeit verbreiteten Konzeption häufig zu zusätzlichem
Aufwand für Fördermittel und Förderhilfsmittel (Bild 12).

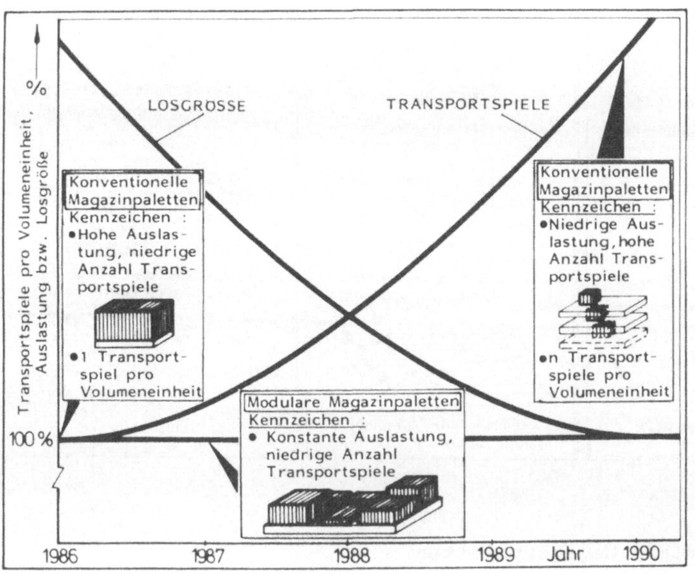

Bild 12: Einfluß des Einsatzes modularer Magazinpaletten
auf die Auslastung von Fördermittel und Magazinpalette

Einen Lösungsansatz für diese Problemstellung bietet der Einsatz
modularer Magazinpaletten, bei denen als Basis immer noch das
Euro-Format erhalten bleibt. Modulare Magazinpaletten besitzen
ein modular gestaltetes "Innenleben" aus Einsatzelementen
(beispielsweise im Format 400 x 400 mm), in denen Aufnahmeelemente angebracht sind, die ihrerseits erst die Teile aufnehmen
(**Bild 13**).

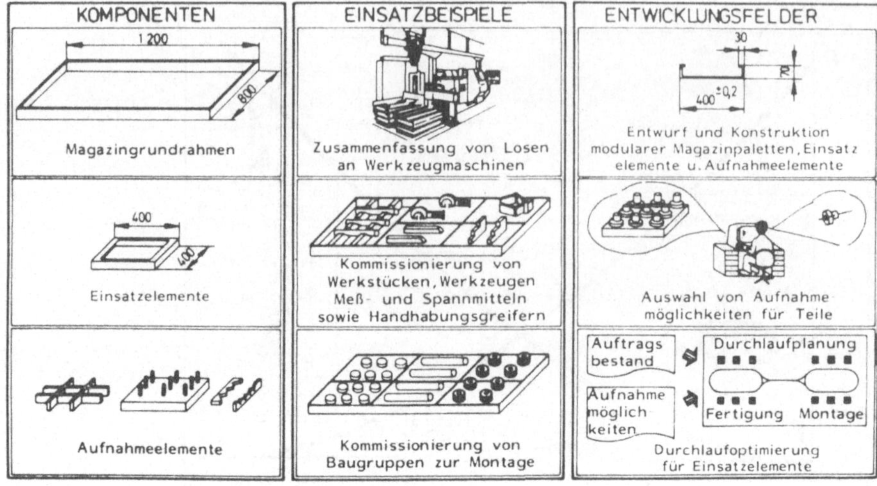

Bild 13: Modulare Magazinpaletten

- Komponenten, Einsatzbeispiele, Entwicklungsfelder -

3.2 Integration von Fertigung und Montage

Die Forderungen, die zur flexiblen Automatisierung der Teilefertigung geführt haben, gelten in ebenso starkem Maße für die gesamte Produktion unter Einschluß der Montage. Die Vorteile, die die flexible Fertigung im Hinblick auf reduzierte Durchlaufzeiten und Umlaufbestände bietet, können nur dann wirtschaftlich voll zum Tragen kommen, wenn die mit geringen Durchlaufzeiten hergestellten Zwischenprodukte vor der Montage nicht in Zwischenlager gelangen /49/.

Als Lösung bietet sich hier in besonders günstiger Weise der Einsatz modularer Magazinpaletten an, mit deren Hilfe ein durchgängiger Materialfluß für die Bauteile von der Fertigung bis in die Montage gewährleistet werden kann und das Idealbild vom "Erhalt einer einmal geschaffenen Ordnung" als zentrale Aufgabe der Magazinierung erfüllt wird. Die Bauteile werden im Verbund mit anderen Teilen maschinen- bzw. verfahrensorientiert in gemeinsamen Magazinrahmen aber unterschiedlichen Einsatzelementen durch den Fertigungsbereich gefördert, um für die anschließende Montage mit anderen Einzelteilen der entsprechenden Baugruppe kommissioniert zu werden.

3.3 Auftragskommissionierung ergänzt Werkstückbereitstellung

Technische Entwicklungen auf der Maschinenseite ermöglichen es, praktisch alle peripheren Funktionen automatisiert in eine Fertigungszelle zu integrieren. Am Beispiel von Drehzellen wird dies besonders deutlich.

Die automatische Versorgung mit Werkstücken wurde u.a. ergänzt durch die automatisierte Bereitstellung und den Wechsel von unterschiedlichen Greifern für die Handhabung eines ganzen Teilespektrums sowie den Austausch der Werkstückspannvorrichtung in Form von Backenwechseleinrichtungen. In ähnlicher Weise wird auch die Versorgung mit Werkzeugen sichergestellt, was ein automatisches Umrüsten der Zelle mit geringem Nutzungsverlust und darüberhinaus den Auftragswechsel rund um die Uhr ohne menschlichen Eingriff ermöglicht.

Mit Hilfe des hier entwickelten Systems modularer Magazinpaletten wird es künftig möglich sein, von der Zusammenfassung unterschiedlicher Lose mit ähnlichen Bearbeitungsanforderungen und der separaten Bereitstellung aller sonst benötigten Betriebsmittel abzugehen. Es kann übergegangen werden zur kompletten Kommissionierung eines einzelnen Auftrages einschließlich der benötigten Werkzeuge, Handhabungsgreifer, Spannmittel und Meßzeuge.

4   Entwicklung eines Baukastensystems für modulare Magazin-
        paletten

Im Rahmen dieser Arbeit wurde ein Baukastensystem für modulare
Magazinpaletten entwickelt, das darauf ausgerichtet ist, mit einer minimalen Anzahl unterschiedlicher und kostengünstiger (einfacher) Baukastenelemente ein größtmögliches Spektrum unterschiedlicher rotatorischer und prismatischer Teile aufzunehmen. Zu diesem Zweck wurden die nachfolgend beschriebenen Komponenten entwickelt.

4.1   Baukastenelemente modularer Magazinpaletten

Das Baukastensystem besteht aus einer hierarchisch gestuften
Systematik von Baukastenelementen (Bild 14), wobei
die ersten beiden Stufen, der Magazingrundrahmen und die Ein-

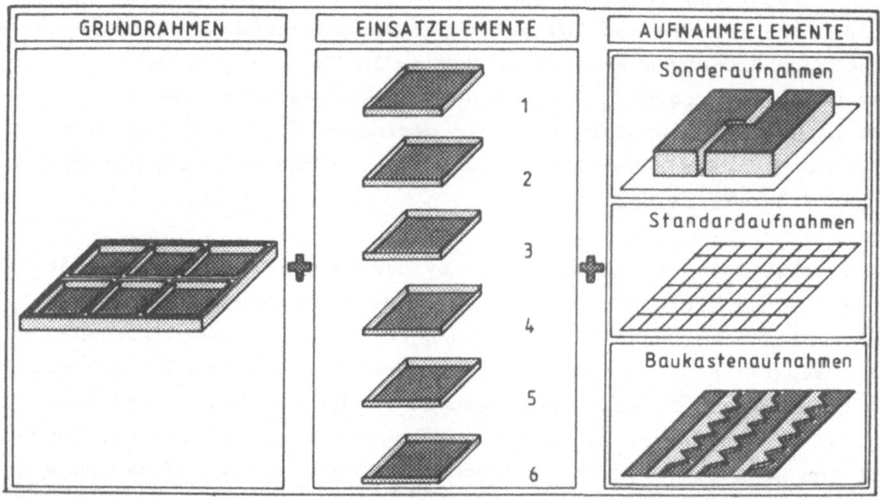

Bild 14: Bauelemente modularer Magazinpaletten

satzelemente nicht teilespezifisch ausgebildet sind. Hierdurch
wird sowohl eine einheitliche Schnittstelle zum Fördermittel geschaffen als auch eine flexible Anpassung der Magazinkapazität
an die Teile ermöglicht.

In diese Einsatzelemente werden dann teilespezifische Aufnahmen
gebracht, die erst die Teile aufnehmen.

4.2 Ausführungsbeispiel

Zur Eliminierung der Nachteile bekannter Systeme modularer Magazinpaletten (vgl. Bilder 3 bis 5), besonders zur Reduzierung der
Anzahl unterschiedlicher Baukastenelemente sowie deren Vereinfachung und dadurch Kostenreduktion wurde in der vorliegenden

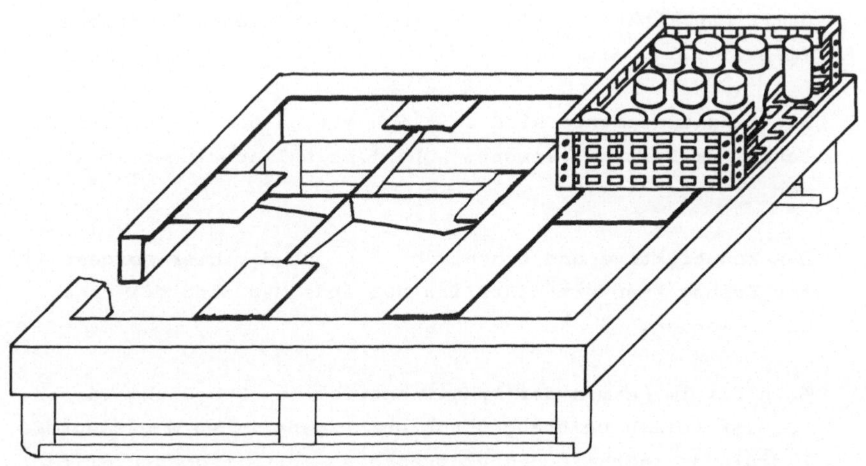

Bild 15: Dreidimensionale Ansicht einer modularen Magazinpalette, bestehend aus Grundrahmen, Einsatzelement,
Standardaufnahme und Werkstücken

Arbeit das nachfolgend beschriebene modulare Magzinsystem entwickelt (<u>Bild 15</u>):

- <u>Grundrahmen</u>
  Der Grundrahmen besteht aus einem geschlossenen Blechprofil
  in das Verrippungen und Auflageflächen für die Einsatzelemente eingebracht sind. Um keine Nutzfläche zu verlieren,
  werden die Einsatzelemente auf den Grundrahmen aufgesetzt,
  und nutzen so die gesamte Grundfläche des Rahmens. Die äußere Gestalt des Magazinrahmens entspricht dem Standardi-
  sierungskonzept des "Arbeitskreis Magazinierung".

- <u>Einsatzelemente</u>
  Die Einsatzelemente bestehen aus Rahmen und Boden, jeweils
  aus abgekantetem Lochblech, werden auf den Grundrahmen aufgesetzt und mit Hilfe einer einfachen Einrichtung verriegelt
  (<u>Bilder 16, 17</u>). Das Basisformat wurde in den Maßen
  400 x 400 mm gewählt, da hier aus den am Institut vorliegenden Erfahrungen ein besonderer Schwerpunkt der Anforderungen
  (Teilegeometrie, damit Einsatzelementgröße und Losgrößen,
  damit Kapazität des Einsatzelements) in vielen Betrieben
  liegt.

  Die Einsatzelemente sind seitlich mit gelochten Leisten versehen, um Aufnahmeelemente höhenflexibel anbringen zu können.

  Das konstruktive und technische Konzept der hier vorgestellten Lösung kann grundsätzlich auf jede Magazingröße angewandt werden.

  Auch das im Rahmen der Arbeit entwickelte Zuordnungsverfahren ist völlig unabhängig von der eigentlichen Magazingröße.
  Lediglich innerhalb des Programmsystems, mit dessen Hilfe
  das Zuordnungsverfahren durchgeführt werden kann, sind bei
  wechselnder Magazin- bzw. Einsatzelementgröße leichte Modi-
  fikationen erforderlich.

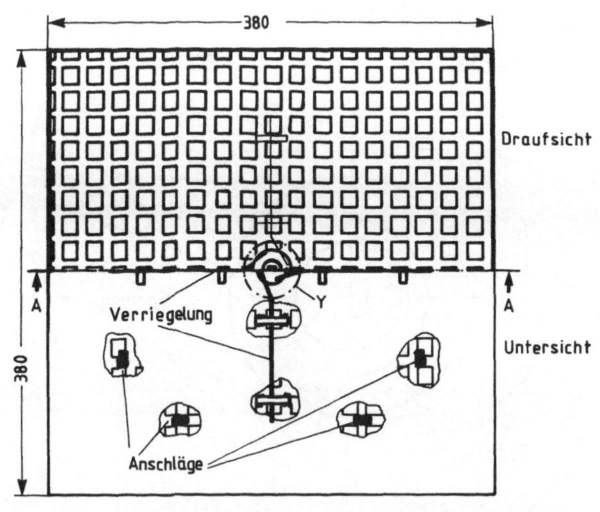

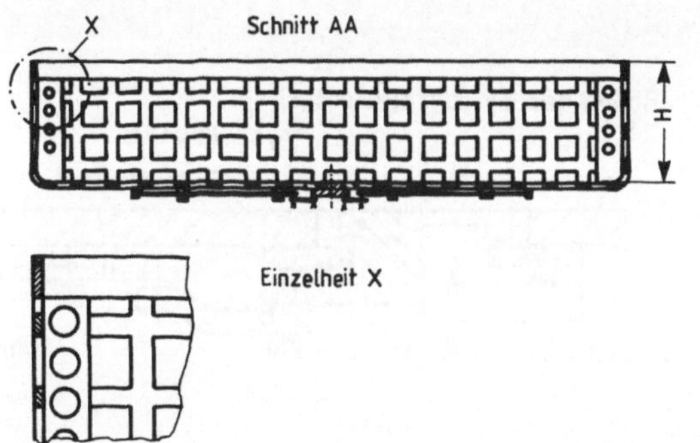

Bild 16: Konstruktionsskizze des Einsatzelements (Maße in mm)

- **Aufnahmeelemente**

  Die Aufnahmelemente schließlich liegen in drei grundsätzlichen Ausführungsformen vor.

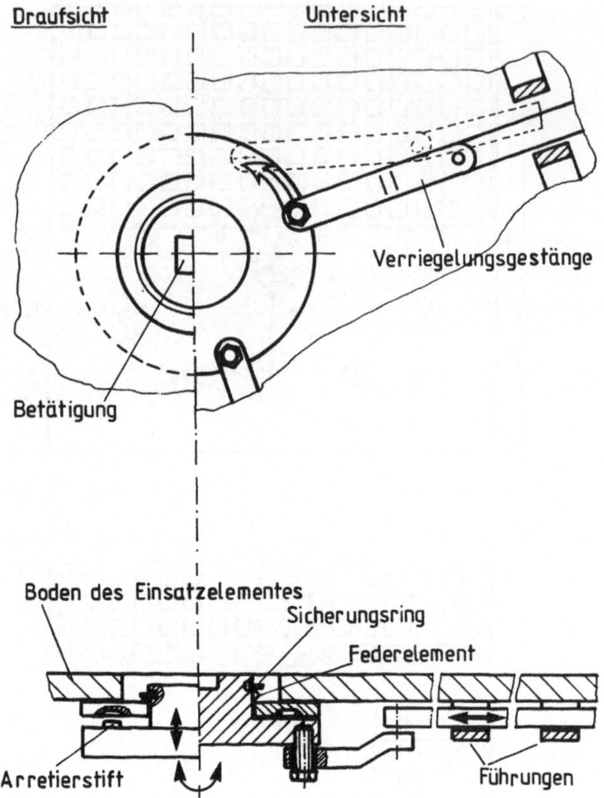

Bild 17: Konstruktionsskizze der Verriegelungs- und Sicherungsmechanik

Zunächst wird der überwiegende Teil des Teilespektrums in einer Reihe von unterschiedlichen Standard-Aufnahmeelementen aufgenommen werden können.

Die sechs grundlegenden Alternativen (Aufnahmeprinzipien), die im hier vorgestellten Magazinsystem eingesetzt werden (vgl. beispielhaft Bilder 17 bis 20), sind teilweise für ro-

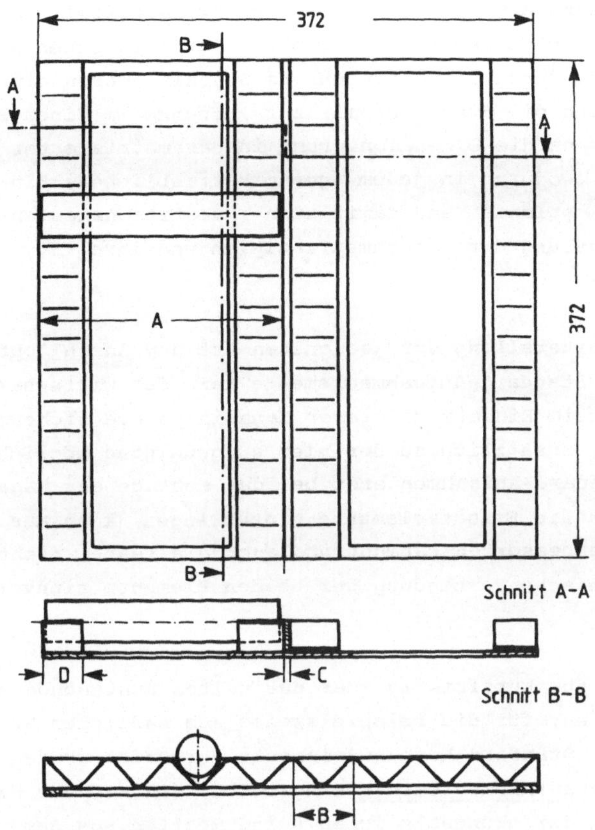

Bild 18: Konstruktionsskizze des Standardaufnahmeelements (Maße in mm)
- Prismengitter -

tationssymmetrische und prismatische Teile, teilweise aber
auch nur für rotationssymmetrische Teile geeignet.

Die sechs Grundprinzipien sind in jedem Anwendungsfall in
einer der Gesamtheit der Teile angepaßten geometrischen Stufung verfügbar. Durch die konstruktive Gestalt, deren einzi-
ge Randbedingung die Schnittstelle zur Aufnahme im Einsatzelement ist, kann die Dimensionierung in parametrisierter
Form erfolgen, wodurch in jedem (gesamtbetrieblichen) Ein-
satzfall eine optimale (und damit auch investitionskosten-
günstige) Anpassung der Aufnahmeprinzipien und ihrer Stufung
erfolgen kann.

Durch die Bereitstellung der geeigneten Art und Anzahl optimal gestufter Standard-Aufnahmeelemente kann der wirtschaftliche Erfolg beim Einsatz modularer Magazinsysteme sichergestellt werden. Zusätzlich zu der hier aufgezeigten Möglichkeit, die Standard-Aufnahmen erst bei der Montage der Magazinpaletten in die Einsatzelemente einzubringen, kann aus
Gründen der verbesserten Raumnutzung auch die feste, nicht
lösbare mechanische Verbindung der beiden Elemente sinnvoll
sein.

Weiter werden für kurzfristig oder nur selten anstehende Magazinieraufgaben, für die beispielsweise aus maßlichen Gründen keines der Standard-Aufnahmeelemente verwendet werden
kann, <u>Baukastenaufnahmeelemente</u> eingesetzt, die auf der Basis von dreien der grundsätzlichen Aufnahmearten aus dem
Spektrum der Standard-Aufnahmeelemente gebildet werden.
Hierzu werden die Baukastenelemente der Standard-Aufnahmen
nicht fest miteinander verbunden, sondern als einzelne Elemente verfügbar gehalten. Für den Einsatz werden dann
beispielsweise Horizontalprismenleisten im erforderlichen
Abstand an das Einsatzelement geklemmt. Die Klemmung ist dabei für alle Baukastenelemente einheitlich gelöst.

Für diese Art der Aufnahme werden Baukastenelemente
erstellt, aus denen die Magazingestalt nach den dargestellten Aufnahmeprinzipien kombiniert werden kann.

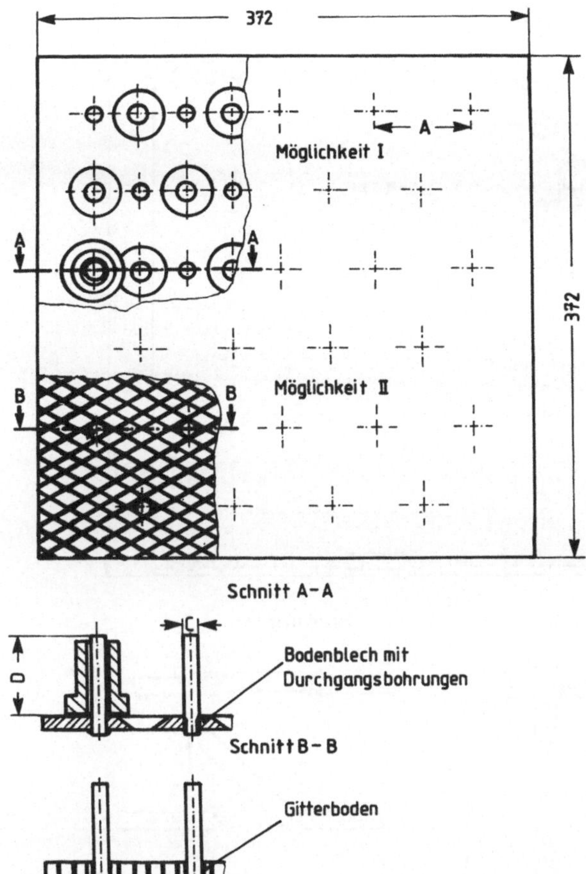

Bild 19: Konstruktionsskizze des Standardaufnahmeelements (Maße in mm)
        - Stiftplatte -

Diese Baukastenelemente werden in angemessener Stufung beim
Anwender am Lager verfügbar gehalten. Sie ermöglichen die
stufenlose Anpassung (in den erforderlichen Freiheitsgraden)
an die geforderten Magazinieraufgaben und sind wegen der hö-
heren Elemente- und Montagekosten vor allem für die zuletzt

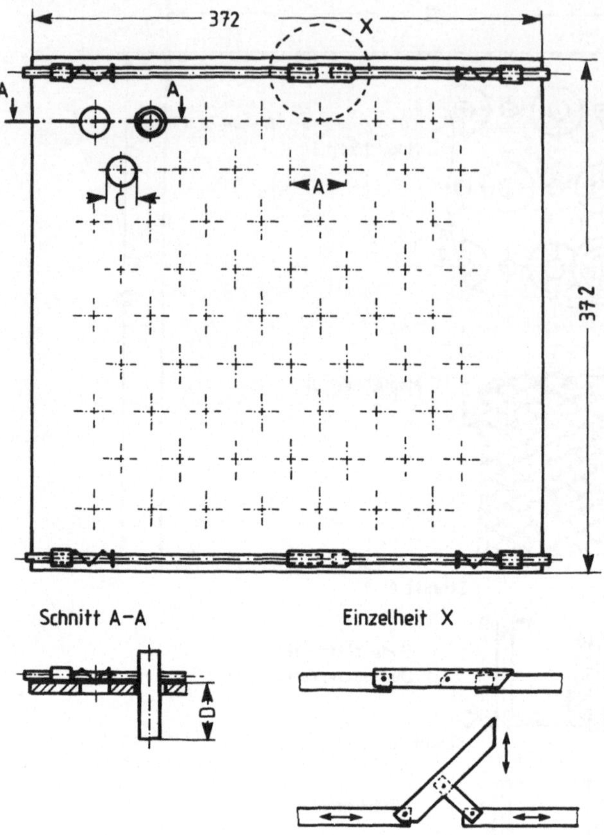

Bild 20: Konstruktionsskizze des Standardaufnahmeelements (Maße in mm)
- Lochplatte -

beschriebenen Einsatzfälle besonders geeignet, wenn nämlich
die Anfertigung eines Standard-Aufnahmeelements zeitlich
nicht realisierbar ist oder wegen der erwarteten geringen
Auslastung nicht wirtschaftlich erscheint.

Jedes Teilespektrum enthält schließlich eine Reihe von Werkstücken, die aus Gründen der Oberflächenempfindlichkeit, der
erforderlichen Genauigkeit für die automatische Handhabung,
der komplexen Geometrie (beispielsweise ohne bevorzugte Ruhelagen) und ähnlichem nicht in der begrenzten Anzahl unterschiedlicher standardisierter Elemente aufgenommen werden
können. Für diese Teile können Sonder-Aufnahmeelemente entworfen und eingesetzt werden, die beispielsweise in Form aus
Kunststoff tiefgezogener oder von den Teilen abgeformter
Trays die Aufnahme ermöglichen und jeweils in die Einsatzelemente oder direkt in den Magazingrundrahmen eingesetzt
werden können.

5   <u>Allgemeingültige Beschreibung der Hüllkörper-
       geometrie von Teilen</u>

Für die rechnergestützte Zuordnung der Teile zur spezifischen
Magazingestalt ist eine allgemeingültige Beschreibung der Hüllkörpergeometrie der Teile erforderlich.

Von den Verfahren zur Teileklassifikation und -beschreibung /50,
51/ ist das bekannteste das von Opitz. Dieses Verfahren wurde
hauptsächlich mit dem Ziel erarbeitet, aus der Verteilung von
Werkstücken eines Werkstückspektrums die Auswahl geeigneter Produktionsmittel zu erleichtern und das Gesamtteilespektrum einer
**Gliederung in Teilefamilien zugänglich zu machen. Trotz seiner
Bedeutung kann es wegen seiner geringen Aussagekraft zur detail-
lierten** geometrischen und größenmäßigen Gestalt von ergänzenden
Formelementen, was für die Zuordnung von Teilen zu Magazinpaletten erforderlich ist, nicht eingesetzt werden. Gleichzeitig bietet der Opitz'sche Teileschlüssel eine große Zahl von Informationen an, die zum Zwecke der Magazinierung nicht benötigt werden. Darüberhinaus trägt der erwähnte Teileschlüssel der
Gestaltvariation von Teilen im Produktionsprozeß (Rohteil -> Fertigteil) nicht Rechnung. Dies ist aber erforderlich,
weil Roh- und Fertigteil, sowie alle erforderlichen Zwischen-
bearbeitungsstufen, soweit möglich, in einer einheitlichen Magazinpalette aufgenommen werden sollen.

Es wurde aus den genannten Gründen ein einfaches Beschreibungs-
verfahren für die (Hüllkörper-)Geometrie von Teilen entwickelt,
das für eine genügend große (> 80 %) Anzahl von Teilen aus ei-
nem Gesamtspektrum für die Zuordnung der notwendigen Baukastenelemente hinreichende Informationen gibt.

Gleichzeitig muß gewährleistet sein, daß die Beschreibung der
Teile in einfacher Form aus einem (mittlerweile in vielen
Betrieben genutzten) CAD-System und damit direkt aus der Teile-
konstruktion bzw. der Arbeitsvorbereitung übernommen werden
kann.

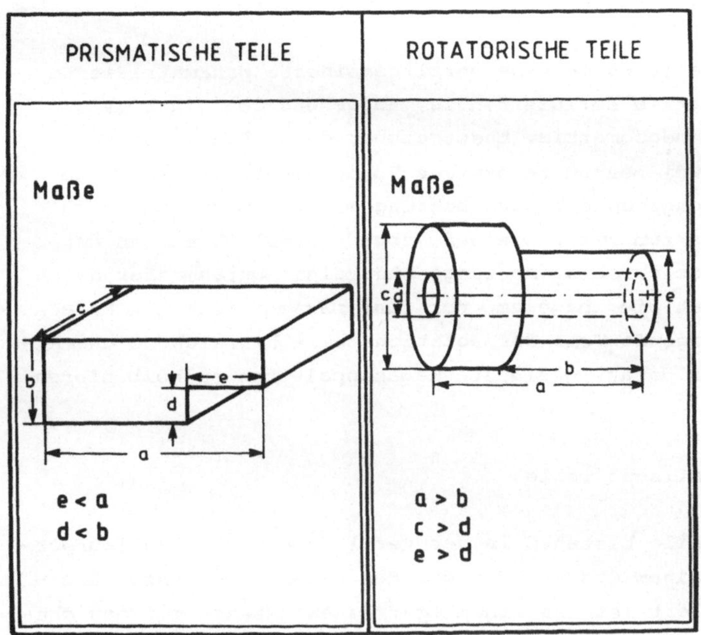

Bild 21: Verallgemeinerte und parametrisierte Hüllkörpergeometrie prismatischer und rotatorischer Teile

Wesentliche Zielsetzung bei der Entwicklung des Beschreibungsverfahrens war die Forderung, daß die Definition der Teilegeometrie mit der minimal möglichen Anzahl von Parametern eine für
die Zwecke der Magazinierung hinreichende Beschreibung der Teile
liefern muß. Aus Gründen der Vereinfachung und wegen des
(statistisch) nicht repräsentativen Datenmaterials wurde für die
Beschreibung der Geometrie der Weg beschritten, daß zunächst die
verallgemeinerte Hüllkörpergeometrie definiert (Bild 21) und in
einem nachfolgenden Schritt ihre Anwendbarkeit anhand verfügbarer Teilespektren stichprobenartig **überprüft wurde.**

5.1 Rotationsteile

Für Rotationsteile wurde eine verallgemeinerte parametrisierte
Hüllkörpergeometrie definiert, die, ausgehend von einer zy-
lindrischen Grundgeometrie, beschreibbar durch Länge und
Durchmesser, zwei besonders häufige Formelemente ergänzt. Zum
einen eine durchgehende Zentralbohrung mit zugeordnetem
Durchmesser und zum zweiten einen "abgedrehten" Absatz an der
Außenkontur, der durch seine Länge und seinen Durchmesser definiert ist. Durch die insgesamt nur fünf parametrisierten Maße
ist der überwiegende Teil der Rotationsteile hinreichend charak-
terisierbar, um daraus geeignete Magazinpaletten zu kombinieren.

5.2 Prismatische Teile

Prismatische Teile bestehen in der verallgemeinerten Hüllkörpergeometrie aus einem Quader, der mit den Parametern Länge, Breite, Höhe definiert ist und einem "gefrästen" Absatz mit den cha-
rakteristischen Maßen Länge und Breite (Bild 22).
Auch hier ist eine für die Zwecke der Magazinierung hinreichend
detaillierte Beschreibung der Geometrie durch nur fünf parametrisierte Maße gewährleistet.

5.3 Beschreibung realer Teile mit Hilfe der Hüllkörpergeometrien

Für die Beschreibung real vorliegender Teile ist eine Angabe
über die Grundform des jeweiligen Teils (rotatorisch oder prismatisch) erforderlich. Dabei ist in wenigen Grenzfällen
(Bild 23) die Zuordnung im Einzelfall nicht an der Grundgeometrie zu orientieren, sondern u.U. vorteilhafter am abschätzba-
ren Verhalten des Teils in der Magazinpalette.

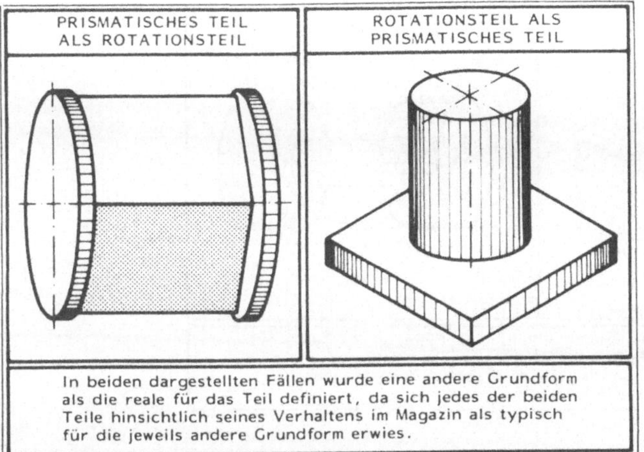

In beiden dargestellten Fällen wurde eine andere Grundform
als die reale für das Teil definiert, da sich jedes der beiden
Teile hinsichtlich seines Verhaltens im Magazin als typisch
für die jeweils andere Grundform erwies.

Bild 22: Funktionsangepaßte Wahl der Teilegrundform

Im Regelfall genügt zur Beschreibung der Außenkontur die Beschreibung des Hüllzylinders bzw. Hüllquaders (Rotationsteile - Länge und Durchmesser, prismatische Teile - Länge, Breite
und Höhe). In Form einer einfachen logischen Betrachtung ist für
die Hüllkörpergeometrie darauf zu achten, daß Formelemente, die
das Verhalten des Teils, speziell für die Magazinierung, nicht
wesentlich beeinflussen, dafür aber wesentliche Veränderungen
der Hüllkörpergeometrie nach sich ziehen, außer Betracht gelassen werden (Bild 23).

Die Beschreibung zusätzlicher Formelemente von Rotationsteilen
erfolgt ebenfalls unter Berücksichtigung ihrer Bedeutung für das
Magazinieren. So ist zum Beispiel die Zentralbohrung eines Rota-
tionsteils dann von Interesse, wenn es sich um eine Durchgangs-
bohrung handelt, weil dann das Teil auf einer Stiftplatte aufgenommen werden kann. Handelt es sich dagegen um eine Sacklochboh-
rung, ist es günstiger, wenn der Nutzer des Systems dieses Formelement nicht beschreibt, da eine Stiftplatte als Aufnahmeprin-

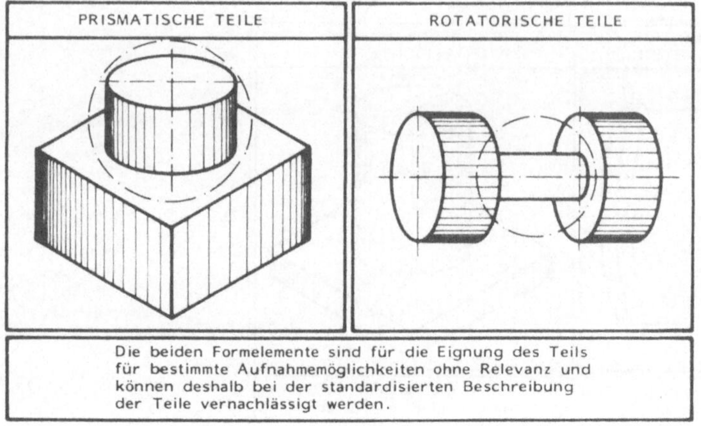

Die beiden Formelemente sind für die Eignung des Teils
für bestimmte Aufnahmemöglichkeiten ohne Relevanz und
können deshalb bei der standardisierten Beschreibung
der Teile vernachlässigt werden.

Bild 23: Bedeutung von Zusatzformelementen für die
verallgemeinerte Hüllkörpergeometrie

zip meist nicht in Betracht kommt (**Bild 24**) und andere Lösungen
durch die Vernachlässigung nicht beeinflußt werden.

Der "abgedrehte" Absatz an der Außenkontur ist für die Zuordnung
der Aufnahme aus zweierlei Gründen von Interesse. Erstens beeinflußt seine Geometrie ganz erheblich die Schwerpunktlage des
Teils, was u.U. zum Wegfall einzelner Lösungen während des Zuordnungsvorgangs führt. Zweitens ist der Absatz bei horizontaler
Achslage des Werkstücks für eine Aufnahme der Werkstücke in
Prismen verwendbar. In diesem Fall sind die beiden Durchmesser
(Zylinder und Absatz) so zu wählen, daß sie den Durchmessern an
den Stirnflächen des Teils entsprechen (**Bild 25**).

Bei prismatischen Teilen ist die Zuordnung hinsichtlich des
Hüllquaders ebenfalls von der Relevanz der Zusatzformelemente
abhängig.

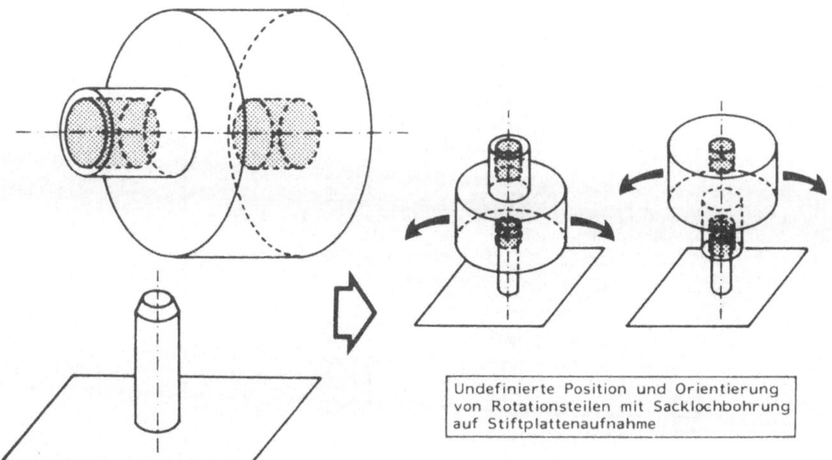

Bild 24: Berücksichtigung mittiger Sacklochbohrungen in
Rotationsteilen

Für den "gefrästen" Absatz gilt, daß er in erster Linie dort
wichtig ist, wo er die Eigenstabilität (Schwerpunktlage) des zu
magazinierenden Teils beeinflußt. Damit ist er dort relevant, wo
er mindestens vier der sechs Hüllquaderflächen beeinflußt
(**Bild 26**).

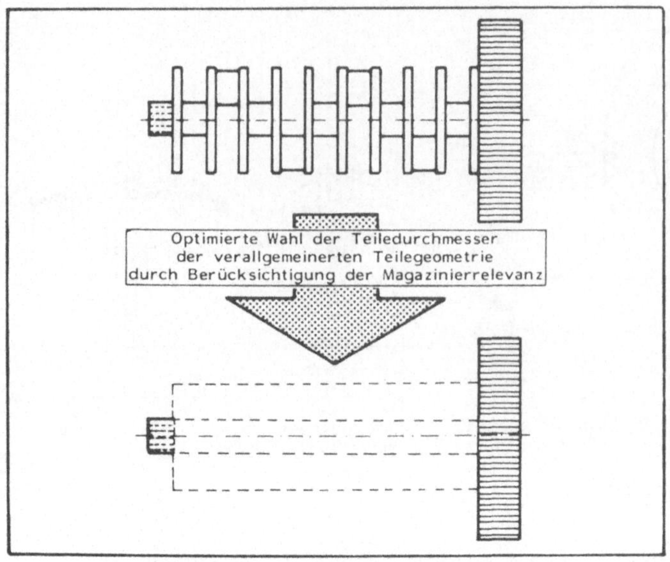

Bild 25: Funktionsangepaßte Beschreibung der Durchmesser von Rotationsteilen

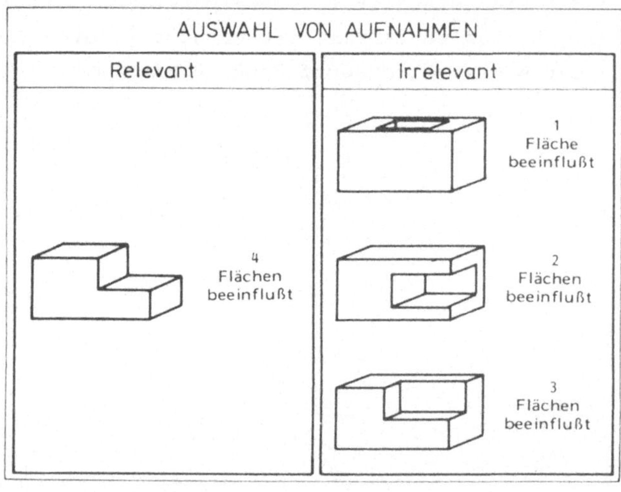

Bild 26: Berücksichtigung von Zusatzformelementen bei prismatischen Teilen

5.4   Überprüfung der Aussagekraft der Hüllkörpergeometrie

Die Qualität des später vorgestellten Zuordnungsverfahrens ist,
da die Baukastenelemente des Magazinsystems "definitionsgemäß"
exakt und sicher beschrieben werden können, abhängig von der Genauigkeit, mit der eine Abbildung realer Teile durch das Be-
schreibungsverfahren für die verallgemeinerte Hüllkörpergeometrie erfolgt.

Es kann nämlich durch geeignete Auswahl der Kriterien und Randbedingungen des Zuordnungsverfahrens sichergestellt werden, daß
für Teile, die mit Hilfe des Beschreibungsverfahrens vollständig
definiert werden können, die zugeordneten Magazinpaletten
technisch geeignet sind, die Teile aufzunehmen.

Damit wird klar, daß die Qualität der aufeinanderfolgend anzu-
wendenden Verfahren (Beschreibung und Zuordnung) nur statistisch
abgesichert werden kann. Darüberhinaus liegt das entsprechende
statistische Material nicht vor, das eine zuverlässige Aussage
über die Geometrie des durchschnittlichen Teilespektrums ermöglicht.

Zur Untersuchung der Aussagekraft des hier entwickelten Beschreibungsverfahrens wurden deshalb zwei Werkstückspektren
(feinwerktechnische Teile bzw. Achsteile) zusammengefaßt, die
aus der Planungserfahrung heraus als weitgehend repräsentativ
angesehen werden können.

Bei der Betrachtung der beiden umfänglichen Werkstückspektren
wurden wenige Werkstücke außer acht gelassen, die wegen ihrer
geometrischen Größe (Hüllkörperkantenlänge > 400 mm) von vorne-
herein nicht im vorgestellten Magazinsystem aufnehmbar waren.
Kennzahlen der Untersuchung des so gebildeten Werkstückspektrums
waren:

1. knapp 1400 Werkstücke aus zwei Werkstückspektren,

2. 1000 (70 %) Rotationsteile und 400 (30 %) prismatische
   Teile,

3. Rotationsteile,
   - Durchmesser 5 ... 350 (in mm),
   - Längen 2 ... 400 (in mm),

4. Prismatische Teile,
   - Länge der längsten Kante 5 ... 400 (in mm),
   - **Prismatische (92 %) und Flachteile (8 %)**

Es stellte sich heraus, daß die überwiegende Mehrzahl der Teile
mit Hilfe des Verfahrens sehr genau beschreibbar waren. Das bedeutet, daß die in <u>Bild 21</u> dargestellte Geometrie durch entsprechende Wahl der Maßparameter den Realteilen entweder exakt
entsprach oder diesen derart nahe kam, daß zusätzliche Formelemente auf die für die Magazinierung der Teile relevante Außenkontur keinen Einfluß hatten. Dabei handelte es sich beispielsweise um Bohrungen in den Teilen oder um Formelemente, deren Volumina im Verhältnis zum Volumen des Hüllkörpers weniger als 5 %
besaßen.

Einzelne Teile (5 % der prismatischen bzw. 3 % der Rotationsteile) konnten mit Hilfe der verallgemeinerten Hüllkörpergeometrie
nicht sinnvoll beschrieben werden. Für diese Teile wurde untersucht, ob sie mit den Möglichkeiten des Baukastensystems über-
haupt aufnehmbar sind. Es zeigte sich, daß die Mehrzahl dieser
Teile in jedem Fall, unabhängig von der Verwendung modularer Magazinpaletten, beispielsweise wegen ihrer undefinierten Ruhelage
in Sonder-Aufnahmen magaziniert werden müssen. Durch diese Be-
schreibungsprobleme wird deshalb keine Einschränkung der Gültig-
keit der beschriebenen Vorgehensweise verursacht.

Mit Hilfe des erarbeiteten Programms zur Zuordnung von Aufnahmemöglichkeiten für prismatische und Rotationsteile wird am Schluß
dieser Arbeit anhand einer Anzahl zufällig ausgewählter Teile
aus den untersuchten Teilespektren nachgeprüft, ob die ermittelte Magazingestalt auch in der Realität eine technisch sinnvolle
und wirtschaftliche Möglichkeit der Aufnahme darstellt.

     Zuordnung von Baukastenelementen zu Förder- und Bereit-
        stellungsaufgaben

Die extreme Vielfalt von Möglichkeiten, die sich ergibt, wenn
die Baukastensystematik und die daraus herstellbaren Magazinpaletten mit einem Werkstückspektrum kombiniert werden macht deutlich, daß eine Zuordnung oder gar Bewertung der Kombinationen
Teil - Magazinpalette manuell nicht mehr möglich ist.

Dabei ist für die Anwendung modularer Magazinpaletten in
der vorgestellten Form aber die schnelle, funktions- und kostenoptimale Zuordnung der geeigneten Magazinpalette von entschei-
dender Bedeutung. Diese Zuordnung erfolgt in zwei zeitlich und
organisatorisch getrennten Phasen.

- Zunächst steht bei der Planung im Rahmen einer Entscheidung
  über den künftigen Einsatz modularer Magazinpaletten die
  wichtige Frage nach den Investitionskosten an. Zu ihrer
  Beantwortung ist es erforderlich, die für die Gesamtheit der
  geplanten Förder- und Bereitstellungsaufgaben funktional und
  in der zeitlichen Abfolge notwendigen Baukastenelemente nach
  Art und Anzahl zu kennen. Es muß also die komplette Zu-
  ordnung des relevanten Teilespektrums zu den - innerhalb des
  betrachteten Magazinsystems realisierbaren - Magazin-
  paletten in einer "Stückliste" ermittelt werden.

- Zum zweiten ist im laufenden Betrieb beim Einsatz modularer
  Magazinpaletten in regelmäßigen Abständen zu prüfen, ob
  die den einzelnen Förder- und Bereitstellungsaufgaben
  ursprünglich zugeordneten Magazinpaletten aus technischer
  und wirtschaftlicher Sicht noch geeignet sind. Fallen einzelne Aufnahmeprinzipien oder Baukastenelemente weg oder
  werden neue hinzugenommen, dann können hier beträchtliche
  Veränderungen bzw. eine erneute Zuordnung von Teilen zu Magazinpaletten erforderlich sein. Weiter ist die Zuordnung
  der optimal geeigneten Magazingestalt für jedes neu in den
  Materialfluß zu integrierende Teil zu prüfen und festzule-
  gen.

6.1 Planung des Einsatzes im Betrieb

Für die Wirtschaftlichkeit des betrieblichen Einsatzes modularer
Magazinpaletten ist die bereits erwähnte Zuordnung der geeigneten Baukastenelemente aus dem Spektrum des einzusetzenden Magazinsystems erforderlich. Die am Lager verfügbar zu haltenden
Baukastenelemente müssen nach Art und Anzahl optimal ausgewählt
werden (Bild 27).

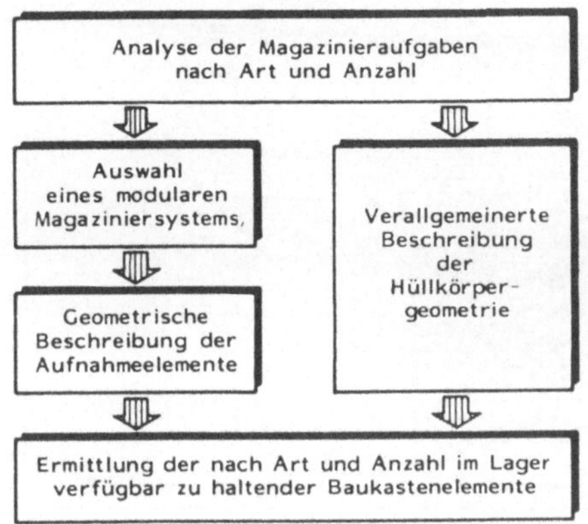

Bild 27: Ablauf der Vorbereitung des betrieblichen Einsatzes
modularer Magazinpaletten

Hierzu ist zunächst eine Analyse des Materialflusses hinsichtlich Stückzahlen und Frequenzen bzw. dem Bedarf an Magazinbauka-
stenelementen für das relevante Teilespektrum erforderlich
(Bild 28).

Aus dieser Analyse, die ggf. auch in dynamischer Form mit Hilfe
der Simulation erfolgen kann, wird ermittelt, welche Förder- und
Bereitstellungsaufgaben für welche Teile

o   insgesamt erforderlich sind (Häufigkeit) und

o   welche zeitlichen Verteilungen (Zeitpunkt und -dauer) diese
    haben.

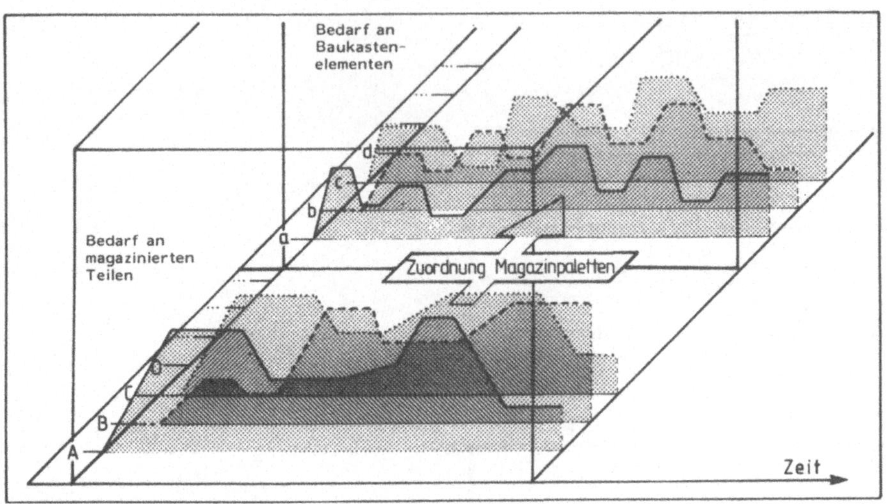

Bild 28: Zeitliche Verteilung von Förder- und Bereitstellungsaufgaben
und Bedarf an Baukastenelementen

Daran anschließend werden mit Hilfe des Zuordnungsverfahrens die
für die Förder- und Bereitstellungsaufgaben geeigneten Magazinpaletten ermittelt und mit der zeitlichen Verteilung der Förder-
und Bereitstellungsaufgaben in eine Stückliste der Baukastenelemente für den Gesamtkomplex der anfallenden Förder- und Bereitstellungsaufgaben überführt. Diese Stückliste bildet letztlich
eine wesentliche Basis für die anstehende Investititions-
entscheidung.

6.1.1   Kostenbetrachtung der Baukastenelemente

Die Gesamtkosten für den Betrieb modularer Magazinpaletten
setzen sich im wesentlichen aus den zwei Komponenten
Investititionskosten und Kosten für den Zusammenbau der
Magazinpaletten (Montagekosten) zusammen. Dabei treten
während der Planungsphase die Investitionskosten in den
Vordergrund und im Einsatz dann die Montagekosten.

- <u>Investitionskosten</u>
  Bei der Entscheidung zur Einführung modularer Magazinpaletten im Betrieb ist die Betrachtung der Investitionskosten
  von größter Bedeutung. Die Kostensumme kann für die Gesamtheit der Elemente Grundrahmen (je 400,-- DM), Einsatz-
  elemente(je 20,-- DM) und Aufnahmeelemente (abhängig vom
  Integrations- und Komplexitätsgrad je 1,-- bis 30,-- DM),
  wovon letztere noch eine beträchtliche Stückzahl erfordern,
  beträchtliche Größenordnungen erreichen.

  Die daraus resultierenden Abschreibungs- und Zinskosten,
  aber auch die Kosten für die Bereitstellung entsprechender
  Lager müssen selbstverständlich auf die im Nutzungszeitraum
  voraussichtlich anfallenden Förder- und Bereitstellungsaufgaben umgelegt werden.

  Aus Gründen der geringen Bedeutung für das hier vorgestell-
  te, konstruktiv einfache modulare Magazinsystem werden ergänzende Kostenarten (Instandhaltungskosten u. dgl.) nicht
  berücksichtigt.

6.1.2   Ermittlung des Bedarfs an Baukastenelementen

Zur Vorgehensweise bei der Auswahl des notwendigen, technisch
optimalen Gesamtbestands an Baukastenelementen für das modulare
Magazinsystem ist die zeitliche Verteilung der auftretenden För-
der- und Bereitstellungsaufgaben über einen repräsentativen
Zeitraum hinweg zu betrachten. Für die Ermittlung des realen Be-

darfs sind an dieser Stelle zwei extreme Fälle der Verteilung zu
unterscheiden (Bild 29).

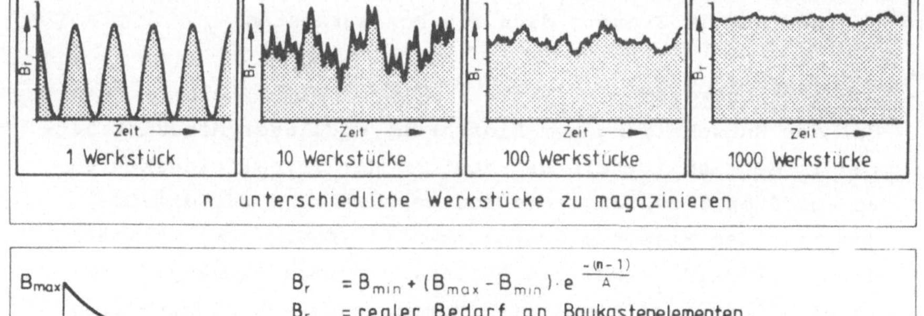

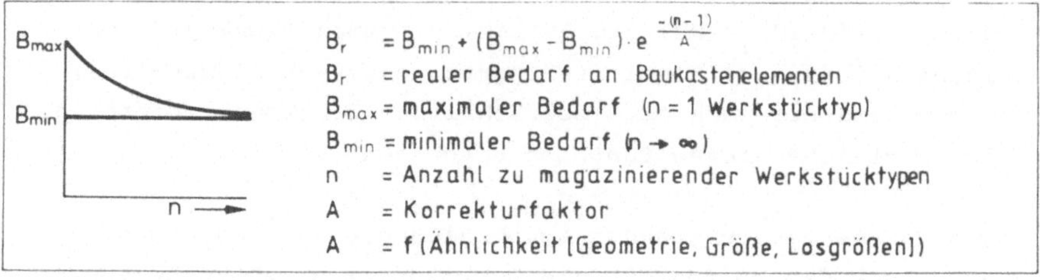

$$B_r = B_{min} + (B_{max} - B_{min}) \cdot e^{\frac{-(n-1)}{A}}$$

B_r = realer Bedarf an Baukastenelementen

B_{max} = maximaler Bedarf (n = 1 Werkstücktyp)

B_{min} = minimaler Bedarf (n → ∞)

n = Anzahl zu magazinierender Werkstücktypen

A = Korrekturfaktor

A = f (Ähnlichkeit [Geometrie, Größe, Losgrößen])

Bild 29: Ermittlung des Bedarfs an Baukastenelementen

- **Modulare Magazinpaletten für nur eine Teileart**

In diesem in der Realität nicht auftretenden Extremfall, der
(wirtschaftlich nicht sinnvollen) Nutzung modularer Magazinpaletten für insgesamt nur eine Teileart, ist der Bedarf an
Baukastenelementen für modulare Magazinpaletten und damit auch
deren Kosten aus dem Maximum der in einem repräsentativen
Zeitraum gleichzeitig zu magazinierenden Teile leicht ermittelbar.

- <u>Modulare Magazinpaletten für eine große Anzahl unterschiedlicher Teilearten</u>

  Mit einem größer werdenden Spektrum unterschiedliche Teile
  und Förder- und Bereitstellungsaufgaben nähert sich der
  zeitpunktbezogene Bedarf an Baukastenelementen (Art und Anzahl) nach dem Gesetz der großen Zahl einem konstanten Bedarf. Dieser "konstante", durchschnittliche Bedarf führt in
  Form einer Stücklistensummierung der erforderlichen Magazinpaletten zu einem realistischen Gesamtbedarf. Wegen der statistisch verteilten Phasenverschiebung der Bedarfszeitpunkte
  und der Uneinheitlichkeit der Bedarfszeiträume für die einzelnen Teile scheint hier eine analytische Betrachtung nicht
  sinnvoll.

Es wird daher eine statistische Verteilung des Magazinpaletten-
bedarfs dergestalt zugrundegelegt, daß mittels Zufallszahlen jeweils aus einer Gleichverteilung

- die Losgröße zwischen 1 und 1000,
- die Anzahl jährlich aufgelegter Lose zwischen 365 und 4 und
- ein beliebiges Startdatum

ermittelt werden. Der quantitative Verlauf des Baukastenelemen-
tebedarfs für die einzelne Förder- und Bereitstellungsaufgabe
wurde in erster Näherung als sinusförmig angenommen, um der Tat-
sache Rechnung zu tragen, daß weder der Bedarf noch die Freigabe
aller Baukastenelemente für eine Aufgabe zu einem einzigen Zeitpunkt erfolgt. Vielmehr steigt der Baukastenelementebedarf für
eine Aufgabe durch den Zeitverzug bei der Montage der Magazinpaletten nur langsam an und fällt ebenso langsam wieder ab.

Dabei wird die reale Verteilung in allen Fällen günstiger, das
bedeutet 'geglätteter' sein, als in den gezeigten Fällen, da die
Einlastung der Lose in die Fertigung und damit auch der Magazin-
palettenbedarf einen Kapazitätsabgleich bereits in der Disposition erfährt. Es ist möglich, in der Disposition die Verfügbar-
keit der Baukastenelemente bei der Auftragseinlastung zu berück-

sichtigen und so den Spitzenbedarf zu senken.

Der Übergang zwischen den beiden Extremfällen hinsichtlich des
Gesamtbedarfs an Baukastenelementen für die modularen Magazinpaletten ist gemäß **Bild 29** beschreibbar. Versehen mit nur geringen
Sicherheitsreserven stellt der so ermittelte Bestand an Baukastenelementen die optimale Menge am Lager verfügbar zu haltender Baukastenelemente dar.

Grundsätzlich ist mit Methoden aus dem Bereich des Operations
Research auch die kostenoptimale Menge der erforderlichen Baukastenelemente ermittelbar. In der Realität der Produktion sind
in einer derartigen Optimierung jedoch noch weitere Einflüsse,
z.B. aus der Fertigungssteuerung, zu berücksichtigen. Darüberhinaus muß hier ein sich dynamisch verändernder Zustand mit hohem
Aufwand optimiert werden, dem nur ein begrenzter Nutzen durch
die Einsparung gegenübersteht.

Sinnvoll ist es, bei neu hinzukommenden oder wegfallenden Teilen
oder Aufnahmeprinzipien bzw. Magazinpaletten einen entsprechenden Abgleich zu wiederholen, um einen unnötig hohen oder zu
geringen Bestand an Baukastenelementen zu vermeiden. Für die beschriebene komplexe Optimierungsaufgabe ist, vor allem bei gros-
sen Teilespektren und einer Vielzahl unterschiedlicher Baukastenelemente durch den Einsatz der EDV eine beschleunigte und zu-
verlässigere Bearbeitung möglich.

6.2   Ablauf des betrieblichen Einsatzes modularer Magazine

Während des betrieblichen Einsatzes modularer Magazinpaletten
wird das Spektrum der zu fördernden bzw. bereitzustellenden Teile stetig geändert. In jedem Einzelfall ist hierfür die Zuordnung der technisch-wirtschaftlich optimal geeigneten Magazingestalt erforderlich, die wiederum praktisch nur mit Hilfe eines
EDV-Programmpakets optimal bewältigt werden kann. Hier tritt
jetzt als Kostenart für die Bewertung der Eignung einer Zuordnung Teil - Magazinpalette anstelle der Investitionskosten bei

jedem Auftrag das Kriterium der Montagekosten auf.

- <u>Montagekosten</u>

  Für den Einsatz modularer Magazinpaletten fällt die Entscheidung über die wirtschaftlich optimale Magazingestalt
  für das einzelne Teil unabhängig von den ursprünglich
  betrachteten Investitionskosten für die Komponenten. Deren
  Verschleiß beispielweise fällt gegenüber den durch den Einsatz verursachten Montagekosten kaum ins Gewicht. Für die
  Nutzung modularer Magazinpaletten ist es vielmehr von ent-
  scheidender Bedeutung, in welcher Höhe Kosten (vorwiegend
  Personalkosten) für die Montage der Magazinpaletten im Einzelfall auftreten und ob die erforderlichen Baukastenelemente verfügbar sind.

Neben der Zuordnung der für die einzelne Magazinieraufgabe geeigneten Magazingestalt ist für den Betrieb modularer Magazinpaletten auch die Verwaltung der Teile, der Magazinpaletten und
ihrer Baukastenelemente ebenso wie die Verwaltung der Ergebnisse
des Zuordnungsverfahrens erforderlich. Hierfür ist eine
EDV-gestützte Datenbankstruktur am besten geeignet.

Die Ergebnisse des Zuordnungsverfahrens müssen in einer teile-
spezifischen Stückliste ausgegeben und in Form eines einfachen
Montageplans den Personen zur Verfügung gestellt werden, die die
Magazinpaletten montieren. Hierbei wird z.B. der Werker die Magazinpaletten montieren indem er aus einem dem Montageplatz zugeordneten Lager die Baukastenelemente entnimmt und die Magazinpaletten anhand eines einfachen Montageplans montiert. Mit-
telfristig wird es auch möglich werden, mit Hilfe geeigneter
Handhabungs- und Steuerungssysteme automatisierte Montagezellen
zu realisieren, die die Entnahme der Baukastenelemente aus einem
Regal vornehmen und die Magazinpaletten flexibel und automatisch
montieren und demontieren.

Die Anforderung einer Magazinpalette zum Einsatz für einen För-
der- oder Bereitstellungsauftrag wird aus der Fertigungssteuerung erfolgen, die die Arbeitspapiere ausgibt und dabei
auch den Anforderungszeitpunkt und die Gestalt der zugeordneten
Magazinpalette den Werkern oder der Montagezelle zur Verfügung
stellt.

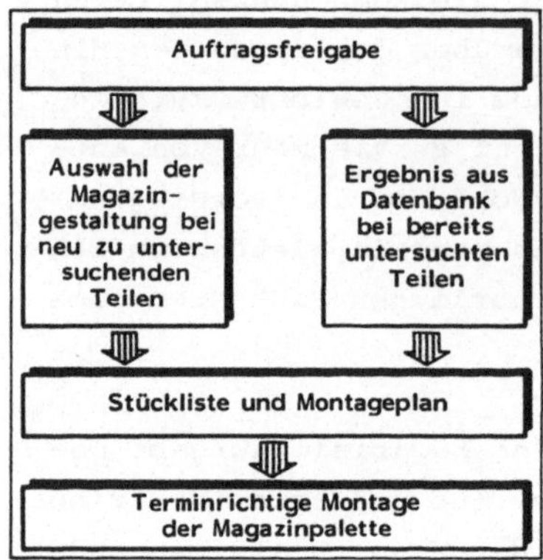

<u>Bild 30</u>: Ablauf des betrieblichen Einsatzes modularer Magazin-
paletten bei bekannten und unbekannten Teilen

<u>Bild 30</u> zeigt den gesamten Ablauf des betrieblichen Einsatzes
modularer Magazinpaletten, wobei zu beachten ist, daß einmal einer Magazinpalette zugeordnete Teile nicht neu zugeordnet werden
müssen. Die einmal gefundene Zuordnung kann bei weiteren Einsätzen wieder aus einer Datenbank geholt werden.

6.3   Vorgehensschritte bei der Anwendung des
        Zuordnungsverfahrens

Für den Ablauf des Zuordnungsverfahrens von Teilen zu Magazinpaletten ist eine Folge von Funktionen und entsprechenden Verfah-
rensregeln erforderlich, die logisch verknüpft sind und in nachfolgend beschriebenem logisch-zeitlichen Zusammenhang stehen:

- <u>Teilebezogene Funktionen</u>

    O   Teilebeschreibung

    Das Magazin wird nach der Art und der Hüllkörpergeome-
    trie des Teils gestaltet. Neben organisatorischen Daten
    wie Teile-Identnummer und Teile-Bezeichnung sind hier
    eine Reihe magazinierspezifischer Angaben erforderlich
    (vgl. Kapitel 5).

    Für die Zuordnung ist das Teil zunächst nach dem vorne
    ausgeführten Verfahren zu beschreiben. Der bei diesem
    Verfahren anfallende Beschreibungsaufwand ist so gering,
    daß er vernachlässigbar ist.

    Die mit Hilfe des Verfahrens durchgeführte Geometriebe-
    schreibung ist noch durch einige Angaben zur Unter-
    stützung von Handhabungsfunktionen zu ergänzen. Hier
    werden noch die Achslage des zu magazinierenden Teils
    sowie die Handhabungstoleranz abgefragt. Es ist
    erforderlich, die Achslage des magazinierten Teils im
    vorhinein zu definieren, um Überdeckungen von Spann-,
    Greif- und Auflageflächen zu vermeiden, wenn eine auto-
    matische Handhabung der Teile vorgesehen ist.

    Die Positionstoleranz der Teile, die dadurch entsteht,
    daß (Problematik Roh-, Fertigteil) das magazinierte Teil
    noch eine gewisse Bewegungsfreiheit in translatorischen
    und teilweise rotatorischen Achsen besitzt, kann u.U.
    hinderlich bei der automatischen Handhabung sein. Der
    Benutzer gibt aus seiner Kenntnis der für das Teil vor-
    gesehenen Handhabungsvorgänge und -einrichtungen heraus
    die maximal tolerierbare Abweichung des Teils von der
    Sollposition an.

Sollten wegen besonderer Merkmale (z.B. Oberflächenempfindlichkeit oder wegen hoher Komplexität stark von der
einfachen Beschreibung abweichende reale Teilegeometrie)
bei der Zuordnung solche Teile mit bestimmten Aufnahmeprinzipien nicht aufgenommen werden können, so müssen
diese fehlerhaften Zuordnungen nach einer manuellen
Kontrolle eliminiert werden.

O Teileverwaltung

Für die Verwaltung der Angaben zum Teil sind die Funktionen Eingeben, Ändern, Löschen und Ausgeben erforderlich. Diese Funktionen sind sehr schnell und sicher mit
Hilfe der EDV zu bewältigen. Dabei wurden die Funktionen
Eingeben und Ändern der Teilegeometrie in die Zuord-
nungsfunktion integriert, da beide Funktionen direkte
Auswirkungen auf das Zuordnungsergebnis haben und sinnvollerweise nicht ohne (neue) nachfolgende Zuordnung der
Magazingestalt erfolgen dürfen.

- <u>Magazinpalettenbezogene Funktionen</u>

O Beschreibung der Magazingestalt

In ähnlicher Form wie für die Teile wurde im Rahmen der
Arbeit für die Beschreibung der Magazinpaletten eine
Systematik entwickelt. Diese hat die Aufgabe, die prinzipiell zugelassenen parametrisierten Aufnahmeprinzipien
in die reale, maßlich existierende Magazingestalt umzu-
setzen.

Weitestgehend unabhängig von der konstruktiven Gestalt
der Magazinpaletten läßt sich dem Aufnahmeprinzip auf
diese Weise eine Reihe von überwiegend geometrischen Parametern zuordnen, die die für das Magazinieren wichti-
gen Eigenschaften ausreichend beschreiben, um die Zuordnung durchzuführen.

O   Baukastenelementverwaltung

Die zur Verwaltung der Baukastenelemente erforderlichen
Funktionen sind denen bei der Verwaltung der Teile ver-
gleichbar. Dadurch, daß die verwendeten Baukastenelemente, **mit Ausnahme der Grundrahmen und Einsatzelemente ein-
eindeutig den Aufnahmeprinzipien zuzuordnen sind**, entstehen auch keinerlei Schwierigkeiten hinsichtlich der
Mehrfachverwendung. Für die Grundrahmen und die Einsatzelemente gilt, daß sie jeweils einheitlich sind und in
gleichbleibender Stückzahl (1 bzw. 6) den Aufnahmeprinzipien zugeordnet werden können und deswegen nicht in
die Verwaltung der Standard- bzw. Baukastenaufnahmeele-
mente integriert werden müssen.

- **Zuordnungsbezogene Funktionen**

O   Zuordnung Teil - Magazingestalt

Zentrale Aufgabe der hier beschriebenen Verfahrenskette
ist die Zuordnung von Teil zu Magazingestalt. Hierfür
wird eine Abfolge von Kriterien verwendet, die jeweils
die Eignung des Teils für eine bestimmte Magazingestalt
feststellen. Beispiele für solche Kriterien sind im einzelnen (<u>Bild 31</u>):

o   **Grundsätzliche Eignung des Aufnahmeprinzips**
Hierbei wird geprüft, ob das Aufnahmeprinzip für den
Teiletyp grundsätzlich geeignet ist. So sind zum
Beispiel Aufnahmeprinzipien mit prismenartigen Auf-
nahmen für prismatische Teile ungeeignet und die
Aufnahme im Rastgitter ist für rotatorische Teile
mit horizontaler Achslage nicht sinnvoll.

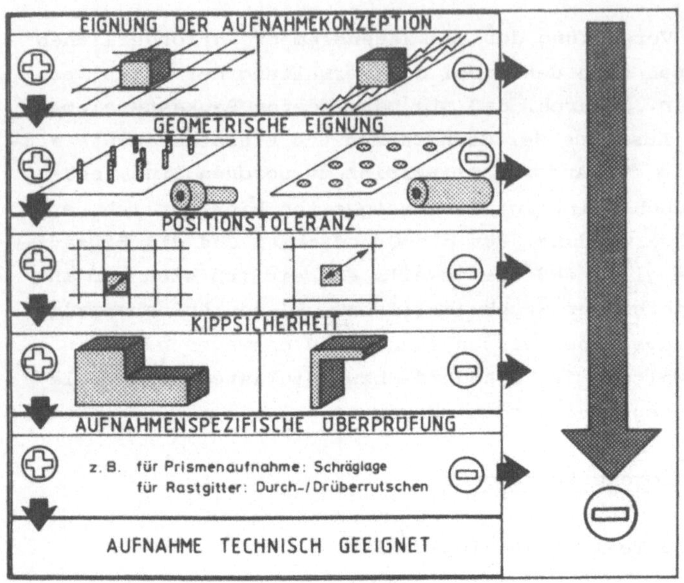

Bild 31: Ausschlußkriterien für die Zuordnung von Magazinpaletten zu Teilen

o **Geometrische Eignung der Magazingestalt**
Anhand der Teilegrundgeometrie wird geprüft, ob die
gegenwärtig betrachtete Magazingestalt der Grundgeometrie des Teils entspricht. Das beinhaltet zum
Beispiel die Prüfung darauf, ob ein prismatisches
Teil mit der Hüllkörpergeometrie x * y * z mm hinsichtlich seiner Grundfläche in **einem** Gitter mit der
lichten Weite a * b mm aufgenommen werden kann.

o **Untersuchung der Positionstoleranzen**
   Besonders für die Zwecke der automatischen Handhabung ist es beim derzeitigen Stand der wirtschaftlich einsetzbaren Technik erforderlich, sicherzustellen, daß die Istposition der Teile in der Magazinpaletten innerhalb eines dem Teil zugeordneten
   Toleranzfeldes um die von der Handhabungseinrichtung
   erwartete Sollposition liegt.

o **Kippsicherheit der Teile**
   Für die Einsetzbarkeit einer ausgewählten Magazinge-
   stalt ist eine Prüfung auf die Kippsicherheit des
   Teils erforderlich, um festzustellen, ob die Abstütz-
   höhe der untersuchten Magazinpalette ein Kippen des
   Teils verhindert.

o **Aufnahmeprinzipbezogene Prüfungen**
   Für einige wenige Aufnahmeprinzipien sind noch Kriterien zu überprüfen, die für andere Aufnahmeprinzipien nicht erforderlich sind. Dies ist zum Beispiel
   dann erforderlich, wenn Rotationsteile in horizontaler Achslage mit einem Prismengitter aufgenommen
   werden. In diesem Fall ist zu überprüfen, ob durch
   unterschiedliche Durchmesser an den Stirnseiten des
   Teils u.U. eine unzulässige Schräglage der Teileachse verursacht wird, die die automatische Teilehandhabung erschwert.

o **Prüfung auf unterschiedliche Teilezustände**
   Abschließend wird untersucht, ob die als geeignet
   erkannte Magazingestalt auch für die Aufnahme der im
   Verlauf des Bearbeitungsfortschritts sich verändern-
   den Gestalt des Teils geeignet ist (z.B. Übergang
   vom Roh- zum Fertigteil).

O Bewertung technisch geeigneter Lösungen

Als wirtschaftlich relevante Unterscheidungsmerkmale
zwischen den technisch geeigneten Magazinpaletten für
ein Teil werden die Magazinkapazität und die Magazinkosten bewertet. Der Quotient aus Kosten und Kapazität
gibt als Magazinierkosten je Teil eine sinnvolle und zuverlässige Aussage über die relative Wirtschaftlichkeit
einzelner Lösungen. Da die Montagekosten beim Einsatz
modularer Magazinpaletten nicht alleine die Wirtschaftlichkeit bestimmen, müssen sie durch eine Bewertung der
Aufnahmenkapazität ergänzt werden. Grund für eine ggf.
abweichende Bewertung kann dann z.B. sein, daß eine Magazingestalt zwar die geringsten Montagekosten je magaziniertes Teil aufweist, dabei allerdings einen derart
geringen Raumnutzungsgrad besitzt, daß die Beschaffung
zusätzlicher Fördermittel erforderlich wird. Die
technisch geeigneten Möglichkeiten der Magazingestalt
für ein untersuchtes Teil werden innerhalb des Zuordnungsverfahrens in Form einer kapazitäts- und kosten-
orientierten ABC-Analyse einander gegenübergestellt und
nach fallendem Nutzwert geordnet.

o **Kapazität**
   Bereits mit der Auswahl der Magazingestalt liegen
   die erforderlichen Baukastenelemente fest. Dadurch
   sind auch alle Daten zur Kapazitätsberechnung bereits vorhanden. Die Magazinkapazität gibt an, wie-
   viele Teile einer bestimmten Teileart auf der
   Grundfläche des Einsatzelements aufgenommen werden
   können.

o **Kosten** (Investitions- bzw. Montagekosten)
   Wie die Kapazitätswerte fallen indirekt auch die
   Kostenwerte für die Magazingestalt bei der Zuordnung
   technisch geeigneter Lösungen an. Zunächst besteht
   ein Zugriff auf die Informationen über die reale
   Gestalt der betrachteten Lösung und damit auch auf

eine Stückliste der Baukastenelemente. Daraus können
über die abgespeicherten Einzelkosten der Elemente
die Gesamtkosten der Magazinpalette ermittelt werden.

o **Manuelle Kontrolle und Auswahl**
Die technisch geeigneten und wirtschaftlich guten
Lösungsmöglichkeiten werden anschließend noch einer
manuellen Kontrolle unterzogen. Hierbei wird
geprüft, ob die wirtschaftlichsten Möglichkeiten der
Magazingestalt auch in der Realität für das Teil
technisch geeignet sind. Es kann zum Beispiel prinzipiell dazu kommen, daß die einfache Beschrei-
bungsart des Teils zu Magazinpaletten führt, die
sich bei genauer Betrachtung, die in jedem Fall vor
dem Abspeichern der gefundenen Lösung durchgeführt
werden muß, als ungeeignet erweisen.

- <u>Ergebnisbezogene Funktionen</u>

O   Ergebnisverwaltung

In ähnlicher Form wie Teile und Magazinelemente, allerdings nur mit der Zugriffsfunktion "Ausdrucken" werden
die Ergebnisse der einzelnen Zuordnungsvorgänge verwal-
tet. Hierzu wird eine Datei verwendet, die in Form zwei-
er identifizierender Kennungen jeweils dem Teil die aus-
gewählte Magazingestalt zuordnet.

O   Stücklisten- und Montageplanerstellung

Stückliste und Montageplan der Magazingestalt entstehen
automatisch bereits bei der Zuordnung der geeigneten Magazingestalt zum Teil und werden zur Ausgabe jeweils neu
erstellt, um Kostenänderungen (z.B. Kostensenkung durch
Rationalisierung in der Montage für einzelne Aufnahmeprinzipien) Rechnung zu tragen.

7.1   Erforderliche Verfahrenselemente

Ein Verfahren zur rechnergestützten Zuordnung von Aufnahmeelementen für Rotations- und prismatische Teile muß die folgenden Funktionen durchführen bzw. unterstützen können.

1. Erstellung und Verwaltung von Teiledaten,

2. Erstellung und Verwaltung von Daten der Magazinbaukastenelemente,

3. Zuordnung von Teilen und Magazinpaletten (Aufnahmeprinzip und Magazingestalt),

4. Reihung der technisch geeigneten Magazinpaletten nach ihrer Wirtschaftlichkeit,

5. Unterstützung bei der manuellen Bestimmung der für ein Teil auszuwählenden Magazinpalette auf der Grundlage der nach ihrer Wirtschaftlichkeit geordneten, technisch geeigneten Magazinpaletten,

6. Verwaltung der Zuordnungsergebnisse und

7. Erstellung von Stücklisten und Montageplänen für aktuell benötigte Ergebnisse.

7.1.1   Beschreibung der Magazinpaletten

In ähnlicher Weise wie die Beschreibung der Teile ist auch eine parametrisierte Beschreibung der Magazinelemente möglich. Hier fallen aber die Unwägbarkeiten, die bei der standardisierten Beschreibung der Teile auftreten, alle weg. Dies ist insofern ein Unterschied zu Kapitel 5, weil bei der Beschreibung der Teile eine (praktisch) unbegrenzte Anzahl unterschied-

licher Teile einheitlich beschrieben wird und bei der Beschreibung der Aufnahmen nur eine begrenzte (und definierte) Anzahl
unterschiedlicher Elemente vorgegeben ist (<u>Bild 32</u>).

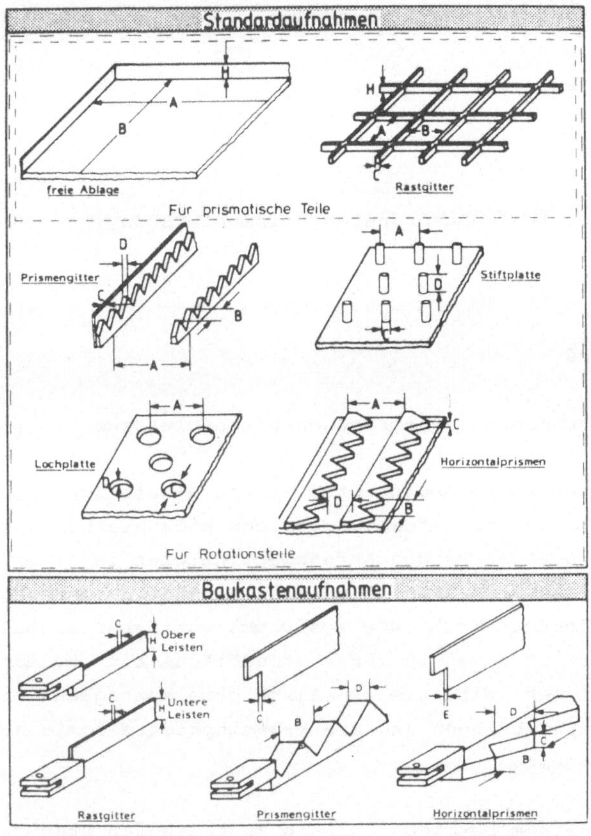

<u>Bild 32</u>: Verallgemeinerte und parametrisierte Geometrie der sechs
untersuchten Standardaufnahmen und der daraus entwickelten
drei Baukastenaufnahmen

Aus der Vielfalt möglicher Aufnahmeprinzipien für Aufnahmen von
Teilen in Magazinpaletten wurden solche für die Betrachtung ausgewählt, deren Einsatz nicht auf ein im vorhinein definiertes
und eng begrenztes Teilespektrum beschränkt ist, die dabei aber
in ihrer Gesamtheit ein möglichst umfangreiches Teilespektrum
abdecken können. Aus den so gewählten sechs Aufnahmeprinzipien
für die Aufnahme von Teilen:

1. freie Ablage auf einer Platte,

2. Rastgitter,

3. Gitter aus vertikal angeordneten Prismenleisten,

4. Stiftplatte,

5. Lochplatte und

6. Gitter aus horizontal angeordneten Prismenleisten

werden jeweils eine Reihe sogenannter Standard-Aufnahmen gebildet. Der Begriff Standard-Aufnahmen bezieht sich hierbei auf die
Möglichkeit, die entsprechenden Aufnahmeprinzipien in einer geeigneten Stufung als Baukastenelemente in den Basisabmessungun-
gen des Einsatzelements (z.B. 400 x 400 mm) verfügbar zu halten.
Da diese Standard-Aufnahmen in ihrer Grundfläche mit den Einsatzelementen übereinstimmen, sind sie praktisch ohne Montageaufwand
direkt in diese einzubringen und die Magazinpalette somit sehr
schnell einsatzbereit.

Um die Anzahl in einem Betrieb vorrätig zu haltender Standard-Aufnahmen möglichst gering zu halten, wurde, soweit dies
möglich war, jeweils noch ein Aufnahmeprinzip in Baukastenform
entwickelt, bei der die Baukastenelemente einzeln in die Einsatzelemente zu montieren sind, um die Magazinpalette einsatzbereit zu machen.

Das bedeutet z.B., daß für das Aufnahmeprinzip **"Prismengitter"**
die beiden Möglichkeiten bestehen, für häufig benötigte Abmessungen, die erforderlichen Baukastenelemente fest miteinander
verbunden, als Einheit zu lagern (Standard-Aufnahme) und mit minimalen Montageaufwand bei Bedarf nur in das Einsatzelement ein-
zusetzen. Für Teileabmessungen, die weniger häufig zu magazinieren sind, wäre bei starren Einheiten der Bedarf an Standard-Aufnahmen zu groß. Für diesen Anwendungsfall ist es mit
Hilfe der Baukastenelemente z.B. möglich, die einzelnen Prismenleisten und Trennbleche mit dem entsprechenden Montageaufwand in
das Einsatzelement einzubringen. Die Möglichkeit zu einer
solchen weiteren Modularisierung ergab sich für die nachfolgenden Aufnahmeprinzipien:

1. Rastgitter,

2. Gitter aus vertikal angeordneten Prismenleisten und

3. Gitter aus horizontal angeordneten Prismenleisten.

7.1.2   Erweiterbarkeit von Magazinsystem und
           Zuordnungsverfahren

Mit Hilfe der in <u>Bild 32</u> dargestellten parametrisierten Bemaßung
läßt sich eine geometrisch und damit funktional exakte Beschreibung der zur Verfügung stehenden **Magazine** erreichen.
Alle Magazine, deren konstruktive Gestalt mit den jeweils
wenigen (maximal 4) geometrischen Maßen abbildbar ist, sind mit
dem entwickelten Verfahren zu erfassen. Ihre konstruktive Gestalt ist bis zu einem gewissen Maße völlig unerheblich
(<u>Bild 33</u>).

Ebenso ist das Zuordnungsverfahren (Teil - Magazinpalette) nach
einer entsprechenden Beschreibung marktgängiger Magazinsysteme
selbstverständlich auch auf diese anwendbar.

Gleichzeitig ist darauf hinzuweisen, daß das entwickelte Zuordnungsverfahren eine Schnittstelle zu weiteren Aufnahmeprinzipien enthält, die es ermöglicht, diese zusätzlich aufzunehmen. Denkbar wäre hier beispielsweise eine Aufnahme für lange Wellen geringen Durchmessers, die in der Mitte abgestützt werden müssen, um eine zu große Durchbiegung zu verhindern. Ein entsprechendes Aufnahmeprinzip könnte sowohl konstruktiv mit dem vorgestellten Magazinsystem verbunden als auch in das Zuordnungsverfahren eingeflochten werden.

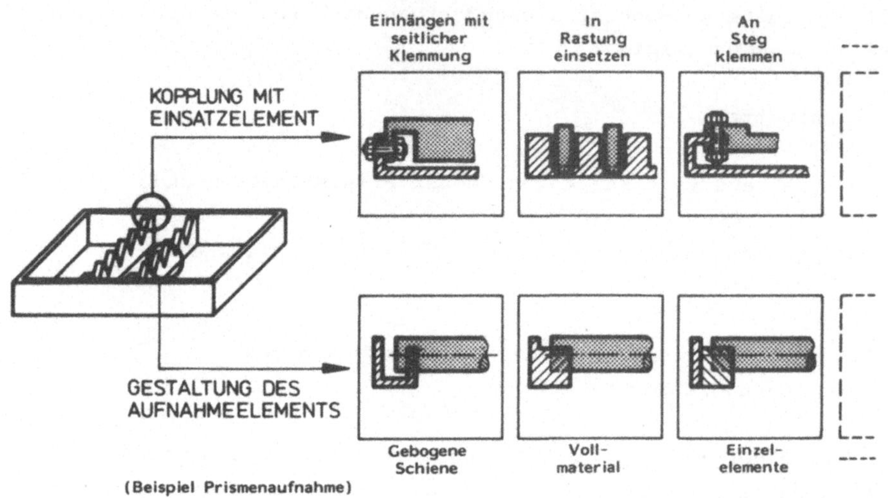

Bild 33: Freiheitsgrade der konstruktiven Gestaltung von Magazinen bei Sicherstellung der Kompatibilität mit dem vorgestellten Magazinsystem

Die Zuordnungsalgorithmen für andere, in der vorliegenden Arbeit nicht betrachtete Aufnahmeprinzipien werden in den meisten Fällen von den hier entwickelten und untersuchten hinsichtlich der Schnittstellen (Konstruktion und Zuordnung) nicht oder nur wenig abweichen und sind deshalb leicht integrierbar.

7.1.3   Gestaltung der Bedienerschnittstelle

Das rechnergestützte Verfahren zur Zuordnung von Aufnahmeelementen tritt mit insgesamt vier Personen(-gruppen) in Kontakt. Abhängig von der jeweiligen Aufgabenstellung werden an diese Personen unterschiedliche Anforderungen gestellt und ihnen unterschiedliche Privilegien zum Eingriff in das Verfahren
übertragen.

- <u>Anwendungsprogrammierer</u>:
  Er hat die Aufgabe, neue, bisher unberücksichtigt gebliebene
  Aufnahmeprinzipien in das System zu integrieren und die ent-
  sprechenden Zuordnungsalgorithmen zu formulieren und zu
  programmieren. Da das Verfahren auch in rechentechnischer
  Hinsicht modular strukturiert ist, können spezielle Ein- und
  Ausgabepakete vom Anwendungsprogrammierer einfach umge-
  schrieben oder angepaßt werden.

- <u>Systembetreuer</u>:
  Er muß neu verfügbare Aufnahmeelemente, zum Beispiel neu an-
  geschaffte Standard-Aufnahmen, in die Datenbanken aufnehmen.

- <u>Arbeitsplaner</u>:
  Er hat die Aufgabe, für anstehende Förder- und Bereitstellungsaufgaben mit Hilfe des Verfahrens dem Teil
  technisch-wirtschaftlich geeignete Möglichkeiten der Magazingestalt zuzuordnen und die für die Montage erforderlichen
  Stücklisten und Montagepläne aus dem System zu entnehmen.

- <u>Montagepersonal für die Magazine</u>:
  Für diese Personengruppe werden Interpretationshilfen für
  Stücklisten und Montagepläne , soweit sie erforderlich
  sind, bereitgestellt.

Die ersten drei aufgeführten Benutzergruppen werden, soweit möglich, mit Hilfe eines einfachen, menüartig aufgebauten Systems von Bildschirmmasken in ihren Aufgaben unterstützt, während für das Montagepersonal die Unterlagen in einfacher schriftlicher Form zur Verfügung gestellt werden.

7.2   Aufbau und Auslegung der Datenbasen

Für die Definition des rechnergestützten Zuordnungsverfahrens ist es erforderlich, die für den einzelnen Zuordnungsvorgang notwendigen Daten verfügbar zu halten. In erster Linie handelt es sich bei diesen Daten um die Beschreibungsparameter der einzelnen Aufnahmeprinzipien und ihrer Baukastenelemente. Diese müssen vollständig (für die am Lager verfügbaren Baukastenelemente) erfaßt und verarbeitbar sein.

Im Gegensatz dazu können die Beschreibungsdaten für die Teile entweder zu Beginn des Zuordnungsvorgangs über ein Bildschirmterminal eingegeben werden oder, wenn z.B. die Aufnahmenzuordnung für ein Teil wiederholt bzw. verändert werden soll, bereits vorliegen. Im zweiten Fall müssen die Daten durch die Angabe einer Identifikation aus der Menge der abgespeicherten Teiledaten extrahiert werden können.

Für die Vielzahl unterschiedlicher Teile, Baukastenelemente und daraus ermittelter Ergebnisse muß ein Zugriff auf die Daten ermöglicht werden, der praktisch ohne störenden zeitlichen Verzug dem Bediener des Systems den Umgang mit dem rechnergestützten Verfahren ermöglicht.

Index-sequentielle Files ermöglichen einen sehr schnellen Zugriff auf die einzelnen Datensätze und wurden deshalb für die Realisierung des Verfahrens verwendet.

7.2.1   Teilebeschreibung

Für die Teilebeschreibung wurden die in Kapitel 5 aufgeführten
Grundlagen übernommen und durch organisatorische Daten (Ident-
nummer und Bezeichnung) ergänzt. Die Begrenzung bei einzelnen
Parametern wurde so gewählt, daß eine technisch nicht sinnvolle
Spezifikation (z.B. Handhabungstoleranz > 99 mm bzw. Teilemaße >
9999 mm) nicht zugelassen wurde.

Die einzelnen Datensätze (Records) der Teilebeschreibung sind
wie folgt aufgebaut (Bilder 34, 35):

- Identnummer des Teils (30 Zeichen),

- Bezeichnung des Teils (30 Zeichen),

- gewünschte Art der Aufnahme (Sonder- oder Baukasten- bzw.
  Standard-Aufnahme (1 Zeichen),

- Grundform des Teils, rotatorisch oder prismatisch (1
  Zeichen),

```
--------------------------------------------------------------------
I                      TEILEBESCHREIBUNG                           I
--------------------------------------------------------------------
I Id.-N.:          TZ_1985_010_03_000_01, Bez.:          DEMO-TEIL I
I Art der Aufnahme (Baukasten-/Standard- = 1, Sonder- = 2): 1      I
I Grundform (Prismatisch = 1, Rotatorisch = 2): 2                  I
--------------------------------------------------------------------
I Abmessungen [mm]:                   I  a  I  b  I  c  I  d  I  e  I
--------------------------------------------------------------------
I Rohteil                             I  40 I  10 I  20 I   7 I  15 I
I Fertigteil                          I  38 I  12 I  18 I  10 I  14 I
--------------------------------------------------------------------
I Handhabungstoleranz: +/- 12 mm, Auflageart: 1                    I
--------------------------------------------------------------------
```

Bild 34: Rechnerausgabe der Teilebeschreibung

- maximal zulässige Handhabungstoleranz (2 Zeichen - max. 99
  mm),

- Rohteilbeschreibung, für rotatorische und prismatische Teile
  jeweils fünf Maße (je 4 Zeichen - max. 9999 mm),

- Fertigteilbeschreibung, für rotatorische und prismatische
  Teile jeweils fünf Maße (je 4 Zeichen - max. 9999 mm),

- Auflagefläche bzw. -art im Magazin (1 Zeichen),

- Gesamtdatensatz 105 Zeichen (Byte).

7.2.2   Baukastenelemente und Aufnahmemöglichkeiten

Aus der Auslegung des beschriebenen Ausführungsbeispiels ergibt
sich ein Grundformat der Einsatzelemente von 400 x 400 mm und
eine entsprechende Gestalt aller Aufnahmeelemente hinsichtlich
ihrer Außenkontur. Für die datenmäßige Erfassung der Magazingestalt fielen demzufolge nur noch die in der nachfolgenden Re-
cordbeschreibung aufgeführten Daten an (Bild 36):

- **Identnummer der Magazingestalt (30 Zeichen),**

- **Bezeichnung der Magazingestalt (30 Zeichen),**

- Typ der Aufnahme (Kennung Sonder-, Standard-, Baukastenauf-
  nahme) und Aufnahmeprinzip (Kennung z.B. Prismenaufnahme
  oder Rastgitter) (4 Zeichen),

- Kosten
  (Investitionskosten bei Planungsanwendungen des Verfahrens
  und Montagekosten in der "kontinuierlichen" Anwendung) wer-
  den für Sonder- und Standard-Aufnahmen als Gesamtwert des
  Aufnahmeelementes (5 Zeichen) und für Baukastenaufnahmen als
  Einzelkosten der Baukastenelemente aufgeführt (2 x 5
  Zeichen),

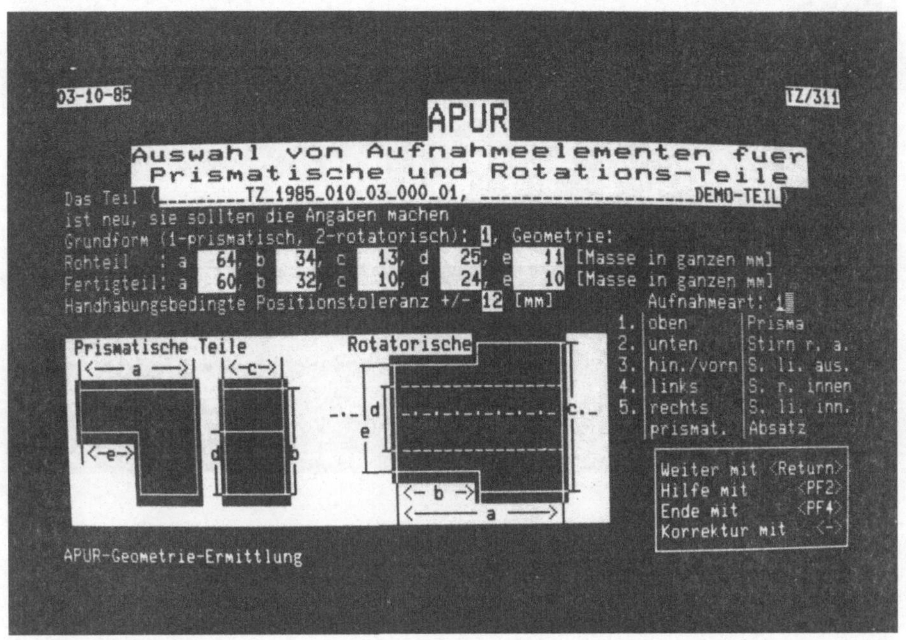

Bild 35: Bildschirmmaske zur Beschreibung der verallgemeinerten Hüllkörpergeometrie von Teilen

- Bezeichnung der Baukastenelemente (nur bei Baukasten-Aufnahmen) (2 x 30 Zeichen),

- Abmessungen (bei Standard- bzw. Baukasten-Aufnahmen) oder Kapazitäten (bei Sonder-Aufnahmen) (8 x 4 Zeichen),

- Gesamtdatensatz 171 Zeichen (Byte).

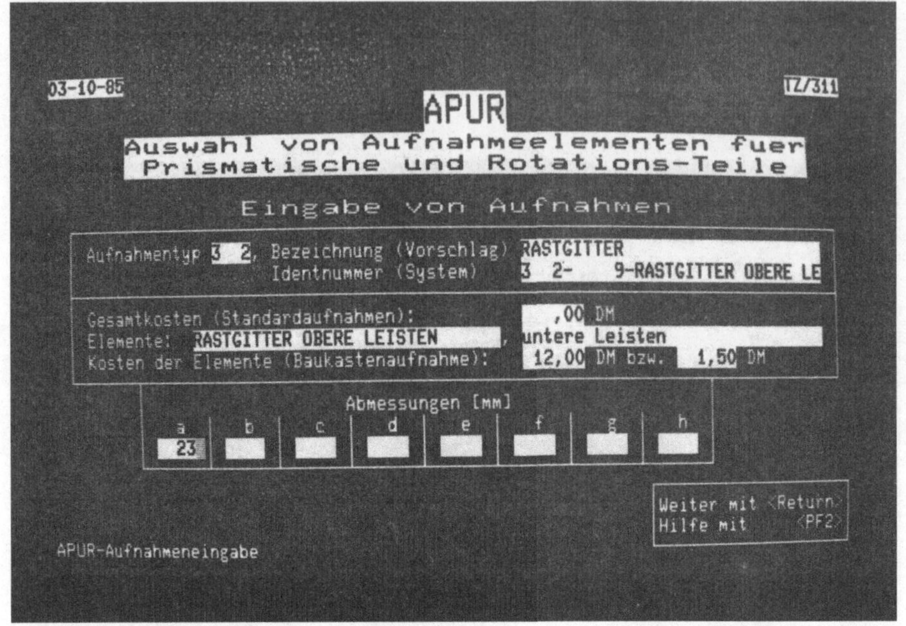

Bild 36: Bildschirmmaske zur Beschreibung der verallgemeinerten Geometrie von Aufnahmen

7.2.3 Ergebnisdaten

Die Ergebnisdaten werden nach Abschluß des Zuordnungsvorgangs nur als

- Identnummer des Teils (30 Zeichen),
- Identnummer der Magazingestaltung (30 Zeichen)
- Gesamtdatensatz 60 Zeichen (Byte)

abgespeichert. Im Bedarfsfall wird mit diesen beiden Identnummern ein verkürzter Zuordnungsvorgang durchgeführt, der nochmals die technische Eignung prüft (mögliche geometrische Veränderungen der Magazingestalt) und anschließend die Stückliste und die Montageanleitung für die zugeordnete Magazinpalette ausgeben kann (Bild 37).

```
-----------------------------------------------------------------------
I                        AUFNAHMENBESCHREIBUNG                         I
-----------------------------------------------------------------------
I Id.-N.: 3 3-    2-VERTIKALPRISMENLEIS, Bez.: VERTIKALPRISMENLEISTEN  I
I Art der Aufnahme (Sonder- = 1, Standard- = 2, Baukasten- = 3): 3    I
I Kosten Standardaufnahme:   0, 0 DM                                   I
I Kosten Baukastenaufnahme-Elemente 15, 0 DM bzw.   2, 0 DM           I
-----------------------------------------------------------------------
I Elemente: VERTIKALPRISMENLEISTEN          , TRENNBLECH              I
-----------------------------------------------------------------------
I Abmessungen [mm] bzw. Kapazitaeten (Sonder-) [Stck]:               I
I    a  I    b  I    c  I    d  I    e  I    f  I    g  I    h  I      I
-----------------------------------------------------------------------
I    0 I   20 I    3 I    5 I    0 I    0 I    0 I    0 I              I
-----------------------------------------------------------------------
I Aufnahmentyp (ergaenzende Information): 3 3                          I
I Anzahl Element 1:   17, Element 2:    9                             I
I Abstaende: Element 1:   45, Element 2:   20                         I
I Kapazitaet:   160, Kosten pro Teil:    1.70, Gesamtkosten:   272. 0 I
-----------------------------------------------------------------------
```

<u>Bild 37</u>: Rechnerausgabe der ausgewählten Magazinpa-
lette als Zuordnungsergebnis

7.2.4 Stücklisten und Montageanleitungen

Sie werden nicht abgespeichert, sondern mit nur geringem Rechen-
zeitbedarf aus den Ergebnisdaten (s.o.) dann ermittelt, wenn sie
ausgedruckt werden sollen.

Die Darstellung erfolgt gekoppelt mit den Teile- und Aufnahmeda-
ten in der Form, daß für die erforderlichen Baukasten-Aufnahme-
elemente die jeweils erforderliche Anzahl angegeben wird. Für
die Montage wird zusätzlich der Abstand des jeweiligen Baukasten-
elements in einer Achse vom Referenzpunkt (Einsatzele-
ment-Begrenzung bzw. benachbartes Baukastenelement) angegeben.
In der zweiten Achse ist eine solche Angabe für Horizontal- und
Vertikalprismenleisten nicht erforderlich, da alle Baukastenelemente definitionsgemäß die gesamte lichte Weite des Einsatzelements beanspruchen. Der zweite Abstandswert bezieht sich auf den
Abstand eines Abschlußstücks (Trennblech). Für Rastgitteraufnah-
men beziehen sich die Abstandsmaße auf die beiden Achsen in denen eine stufenlose Anpassung der Magazinpalette an die Teilgeo-
metrie möglich ist.

Für Sonder- bzw. Standard-Aufnahmen ist die Angabe von Stückliste und Montageplan nicht erforderlich, da diese Elemente jeweils komplettiert lagerverfügbar sind und direkt (ohne zusätzliche Montage) in die Einsatzelemente eingebaut werden können.

7.3   Bestimmung technisch geeigneter Aufnahmemöglichkeiten

Der Zuordnungsvorgang für die Ermittlung technisch geeigneter
Aufnahmemöglichkeiten für einzelne Teile läuft schrittweise ab.
Dabei wird die Liste (Datei) der Möglichkeiten der Magazingestalt nacheinander (Record für Record) durchgegangen und anhand
der nachfolgend aufgeführten Kriterien daraufhin untersucht, ob
die Magazingestalt für die Aufnahme des vorliegenden Teils geeignet ist. Sobald eines der abgeprüften Kriterien die
Nicht-Eignung der aktuellen Magazinpalette ergibt, wird sofort
auf die folgende Magazingestalt (Record) übergegangen.

Bei Magazinpaletten, die sich hinsichtlich aller abgeprüften
Kriterien als geeignet für das Teil erwiesen haben, werden zu-
sätzlich die Kapazität je Magazineinheit (400 x 400 mm) und die
Gesamtkosten ermittelt und gemeinsam 'zwischengepuffert'.

Bei der Prüfung der Eignung der Magazingestalt werden aus Gründen der Zuordnungsgeschwindigkeit die einzelnen Kriterien in der
Reihenfolge angeordnet, in der eine fallende Wahrscheinlichkeit
besteht, daß das untersuchte Teil wegen des aktuell betrachteten
Kriteriums nicht in der aktuell betrachteten Magazinpalette aufgenommen werden kann. Dies führt auf die nachfolgende Reihung
von Kriterien mit ihren jeweiligen Zuordnungen und formelmäßigen
Zusammenhängen.

7.3.1   Grundsätzliche Eignung des Aufnahmeprinzips

Die ausgewählten sechs grundlegenden Alternativen für die Aufnahme von Teilen in modularen Magazinpaletten sind teilweise
unspezifisch für die Teilegrundform (freie Ablage und Rastgit-

ter) teilweise aber auch nur für rotatorische Teile (Prismengitter, Stiftplatte, Lochplatte und Horizontalprismen). Neben der Teilegrundform ist auch die jeweilige Aufnahmefläche (prismatische Teile) oder Aufnahmeart (rotatorische Teile) von Bedeutung für die Eignung des einzelnen Aufnahmeprinzips (<u>Bild 38</u>).

Die Betrachtung der Aufnahmefläche bzw. -art schränkt zwar einerseits die freie Zuordnungsmöglichkeit der Aufnahme ein, ist aber besonders im automatisierten Betrieb für die Sicherstellung einer geeigneten Handhabungs- und Spannposition der Teile unbedingt erforderlich. Hier ist, abhängig von der Achsanzahl der Handhabungseinrichtung, oft die richtige Orientierung der Teile bereits in der Magazinpalette sicherzustellen.

7.3.2 Geometrieabgleich Teil - Aufnahme

Ist das Teil hinsichtlich Grundform und Aufnahmefläche bzw. -art prinzipiell geeignet für die Aufnahme in der betrachteten Magazingestalt so schließt sich die Frage nach der maßlichen Eignung des Teils an. Hierbei wird ausschließlich eine Bewertung "nach unten" vorgenommen. Das bedeutet grundsätzlich, daß geprüft wird, ob das Teil in seinen relevanten Abmessungen in der aktuell geprüften Magazingestalt aufgenommmen werden kann. Es wird an dieser Stelle nicht untersucht, ob das Teil eventuell "zu klein" für die Magazinpalette ist (<u>Bild 39</u>).
Dieses Vorgehen scheint im Wesentlichen aus zwei Gründen sinnvoll:

- Ist ein Teil "zu klein" für die Aufnahme, so ist das für die manuelle Handhabung unerheblich, da sich eine dadurch ggf. verursachte verminderte Wirtschaftlichkeit der Aufnahme (Kapazität, Kosten) in der nachfolgenden Reihung der technisch geeigneten Alternativen äußert und im Falle der automatischen Handhabung automatisch eine Begrenzung über die maximal zulässige Positionstoleranz erfolgt.

AUFNAHME-PRINZIP	TEILEGRUNDFORM										
	prismatische Teile					rotatorische Teile					
	AUFNAHMEFLÄCHE / -ART										
	1	2	3	4	5	1 horizontal	2 außen	3 außen	4 innen	5 innen	6 Absatz
2 _ _1	●	●	●	●	●	○	●	●	○	○	○
2 _ _2 (3 _ _2)	●	●	●	●	●	○	●	●	○	○	○
2 _ _3 (3 _ _3)	○	○	○	○	○	●	○	○	○	○	○
2 _ _4	○	○	○	○	○	○	◐	◐	●	●	○
2 _ _5	○	○	○	○	○	○	●	●	○	○	◐
2 _ _6 (3 _ _6)	○	○	○	○	○	○	●	●	○	○	◐

○ ungeeignet   ◐ bedingt geeignet   ● geeignet

Bild 38: Matrix zur grundsätzlichen Eignung von Aufnahmeprinzipien
für unterschiedliche Teile und Aufnahmeflächen bzw.
-arten

- Es ist bei der Untersuchung der einzelnen Magazingestalt
  nicht im voraus sicher, ob das gesamte Spektrum möglicher Ma-
  gazinpaletten umfangreich genug ist, um eine objektiv gut
  geeignete Magazinpalette zu finden. Es ist ohne weiteres
  möglich, daß deshalb auf die relativ bestgeeignete (objektiv
  schlecht geeignete) Magazinpalette zugegriffen werden muß.

7.3.3 Positionstoleranz für die automatische Handhabung

Soll das Teil automatisch gehandhabt werden, so ist beim derzeitigen Stand der (wirtschaftlichen) Technik noch eine hohe
Übereinstimmung von Soll- und Istposition des Teils zu einem ab-
soluten Koordinatensystem sicherzustellen.

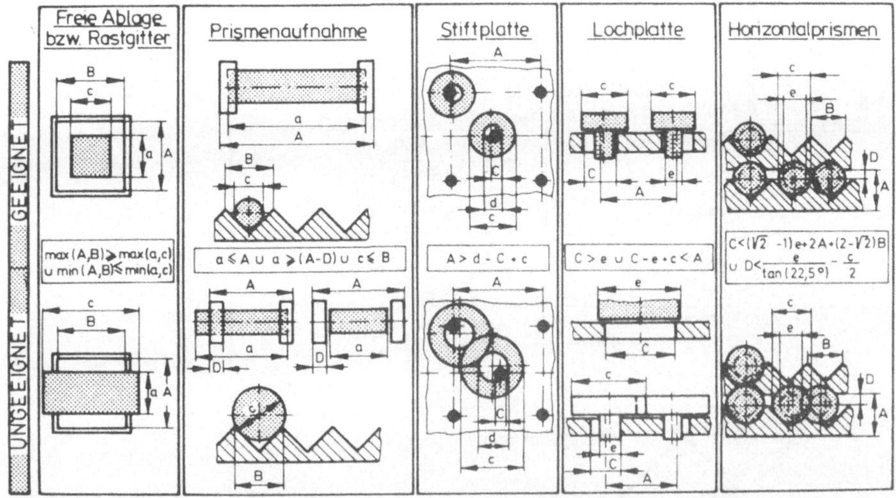

Bild 39: Untersuchung der maßlichen Eignung von Teilen für unterschiedliche Aufnahmen

Aus der gesamten Kette sich addierender Ungenauigkeiten (Positionierung des Magazingrundrahmens, Relativposition der Einsatzelemente im Grundrahmen sowie der Aufnahmeelemente im Einsatzelement) wird innerhalb des Verfahrens nur das letzte und wichtigste Glied betrachtet, die Position des Teils relativ zu den Aufnahmeelementen. Die anderen Ungenauigkeiten sind abhängig vom Einsatzort und müssen vom Planer ggf. durch eine Verringerung der zulässigen Abweichung berücksichtigt werden. Die zugeordnete Angabe der Positionstoleranz, die vom Bediener des Verfahrens dem Teil mitgegeben wird, bezieht sich auf dieses letztgenannte Glied.

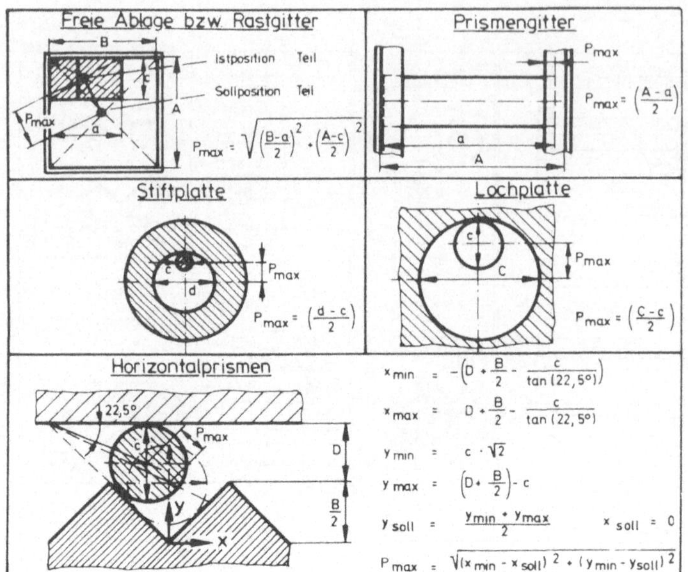

Bild 40: Ermittlung der maximal möglichen Abweichung P_{max} der Teile zwischen Soll- und Ist-Position in der Aufnahme

Selbstverständlich darf bei der Anwendung des Verfahrens von der Soll-Ist-Abweichung, die die Handhabungseinrichtung tolerieren kann, nur der um die o.a. weiteren Ungenauigkeiten verminderte Wert angegeben werden (Bild 40). Die Position entsprechend kleiner Teile, die innerhalb der festen Grenzen der Aufnahme beweglich sind, werden um eine mittlere Lage variieren. Es wurde deshalb teile- und aufnahmenabhängig die jeweils maximal mögliche Abweichung (+/-) von der Mittellage mit der angegebenen Positionstoleranz verglichen.

7.3.4 Kippsicherheit

Die Kippsicherheit des Teils wird in zwei Phasen geprüft. Zunächst ist für prismatische Teile entscheidend, ob das Teil auf der Aufnahmefläche eine stabile Gleichgewichtslage besitzt. Diese Prüfung wird auf der Grundlage der Hüllkörpergeometrie sowie der Aufnahmefläche durchgeführt (Bild 41).

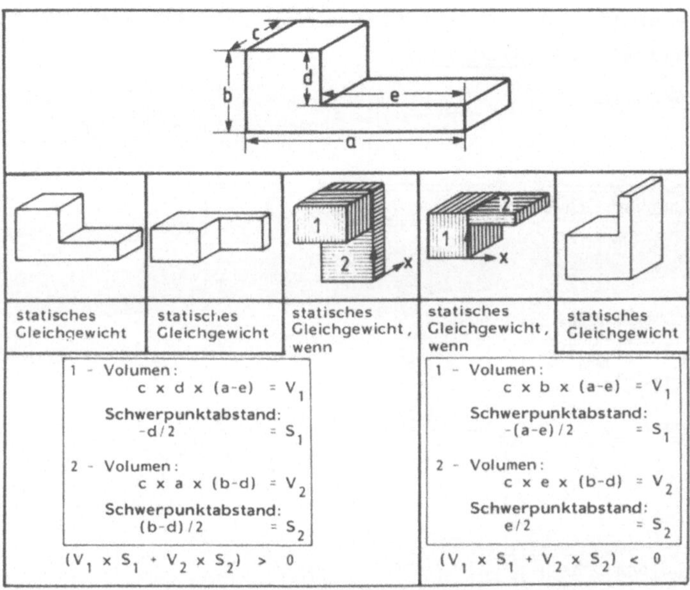

Bild 41: Bedingungen zur Sicherstellung statischen Gleichgewichts (Ruhelagen) prismatischer Teile

Hinsichtlich der dynamischen Sicherheit gegen das Kippen tritt die Schwierigkeit auf, daß durch die Beschleunigung, die das Teil beim Fördern erfährt, die Kippneigung verstärkt wird. Dabei werden wiederum zwei Fälle unterschieden:

- Teile, die von den Aufnahmeelementen abgestützt werden, gelten als kippsicher, wenn bei einer maximalen Beschleunigung von 9,81 m/s^2 (z.B. heftige Stöße bei Kollisionen und dgl.) die Höhe H der Abstützung größer als die Differenz der Schwerpunkthöhe und des Abstands des Schwerpunktes von der nächsten Grundflächenkante ist und

- **Teile, die nicht abgestützt werden, gelten als kippsicher (Abstützhöhe = 0), wenn ihre Schwerpunkthöhe nicht größer als der einfache Abstand des Schwerpunktes von der nächsten Grundflächenkante ist (Bild 42).**

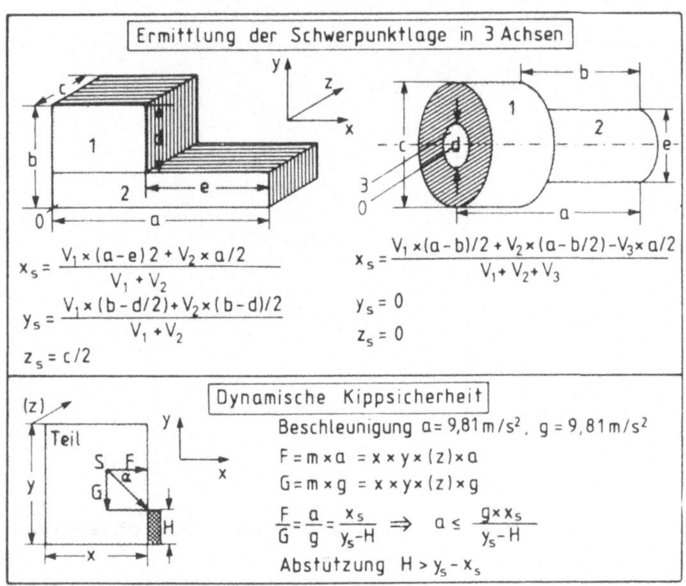

Bild 42: Bedingungen und schrittweises Vorgehen zur Sicherstellung dynamischen Gleichgewichts prismatischer und rotatorischer Teile

7.3.5 Schräglagen in Prismenaufnahmen

Für die Anwendung automatisierter Handhabungssysteme, die die
Teile aus den Magazinpaletten entnehmen, ist es bei vielen Hand-
habungs- bzw. Greifersystemen erforderlich, daß die reale Achslage der aus Horizontalprismen-Aufnahmen zu greifenden Teile nur
in engen Grenzen von der Horizontalen abweicht. Als häufiger
Grenzwert wird eine maximale Abweichung der Teileachse von der
Horizontalen von 10° angenommen. Dies bedeutet, daß der Quotient aus der Differenz der stirnseitigen Durchmesser und der
Gesamtlänge des Teils kleiner 0,51 ist.

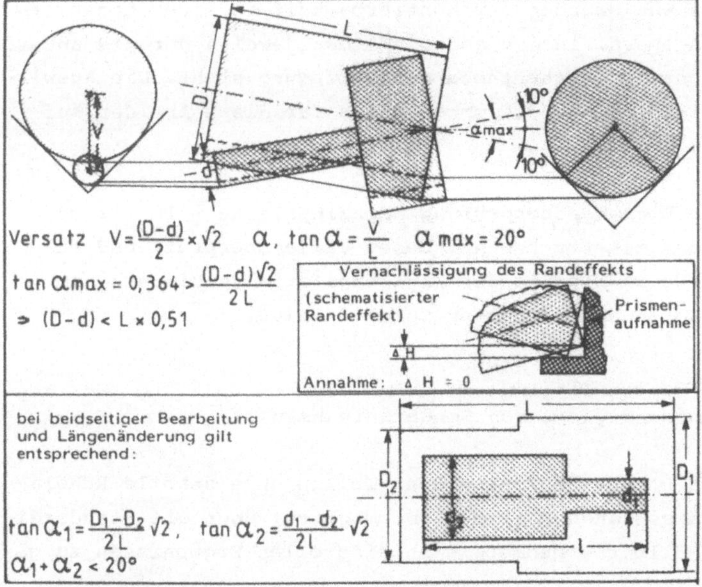

Bild 43: Bedingungen für die Aufnahme von Rotationsteilen in prismenförmigen Aufnahmen

Diese Untersuchung ist vor allem dann von Bedeutung, wenn sich das Verhältnis der Stirndurchmesser im Laufe der Bearbeitung eines Werkstücks wesentlich ändert und sichergestellt werden muß, daß für die Zuordnung der beidseitigen Prismenleisten bei Roh- und Fertigteil die gleiche Aufnahme verwendbar ist (Bild 43). Bei der dargestellten Betrachtung blieben kleine Abweichungen (Höhenversatz durch Randeffekt) wegen ihrer geringen Auswirkungen auf die Achslage außer Betracht.

7.3.6   Aufnahme im Baukasten-Rastgitter

Bei der Aufnahme von Teilen im Rastgitter treten, wenn dieses in Form einer Baukasten-Aufnahme vorliegt, besondere Effekte deswegen auf, weil aus Gründen der Montierbarkeit in einer Achse jeweils nur die obere, in der anderen Achse jeweils nur die untere Hälfte der gesamten Abstützhöhe zur Verfügung steht. Die Auswirkungen für die Eignung bestimmter Teile für diese Art der Aufnahme zeigt Bild 44.

Im Rahmen der Eignungsüberprüfung Magazinpalette - Teil werden auch die beiden zuletzt beschriebenen Fälle überprüft und führen, wenn sie eine Eignung der Magazinpalette verhindern, im Rahmen des Zuordnungsverfahrens zum Ausschluß.

7.3.7   Notwendigkeit von Sonderaufnahmen

Bei besonders komplexen Teilen oder Teilen ohne stabile Ruhelagen ist es in seltenen Fällen nicht möglich, über die Standardisierung der Hüllkörpergeometrie zu sinnvollen Ergebnissen zu gelangen.

In diesem ebenso wie in dem Fall, wo beim manuellen Abgleich der Ergebnisse eines Zuordnungsvorgangs (technisch geeignete Lösungen, nach fallender Wirtschaftlichkeit sortiert) festgestellt wird, daß die gefundenen Lösungen zur Aufnahme des Teils nicht geeignet sind (z.B. wegen zu hoher Anforderungen an die Posi-

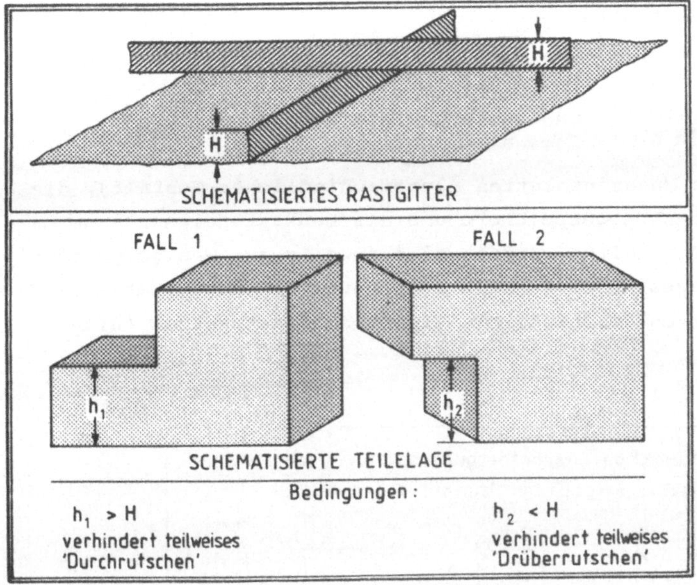

Bild 44: Bedingungen für die Aufnahme prismatischer Teile in
Aufnahmen des Typs "Rastgitter" aus Baukastenelementen

tionstoleranz verbunden mit großen Geometrieänderungen der
Werkstücke), ist eine Sonder-Aufnahme für das Teil zu entwerfen.
Diese kann beispielsweise in Form von Einsätzen (Trays), die aus
Kunststoff tiefgezogen werden, realisiert werden.

7.3.8 Problematik veränderter Teilegestalt (Roh- und Fertigteil)

Bei großen Unterschieden zwischen Roh- und Fertigteilgeometrie
ist es u.U. nicht möglich, technisch geeignete Aufnahmen zu finden. Dann ist es erforderlich, um die Erstellung einer Sonder-Aufnahme zu vermeiden, die Gesamtbearbeitung des Werkstücks

in der Form zu unterteilen, daß das Teil (fiktiv) in zwei Stufen bearbeitet wird und für jede der Stufen eine eigene Magazingestalt zugeordnet wird.

7.4 Kapazitäts- und Kostenermittlung

Den einzelnen Magazinpaletten (unterschiedlicher Gestalt), die in der Datenbank abgespeichert und als Baukastenelemente am Lager verfügbar gehalten werden, sind jeweils nur wenige geometrische Daten zugeordnet. Für die Berechnung der Kapazitäten sind im Einzelfall unterschiedliche Algorithmen anzusetzen (<u>Bilder 45, 46</u>).

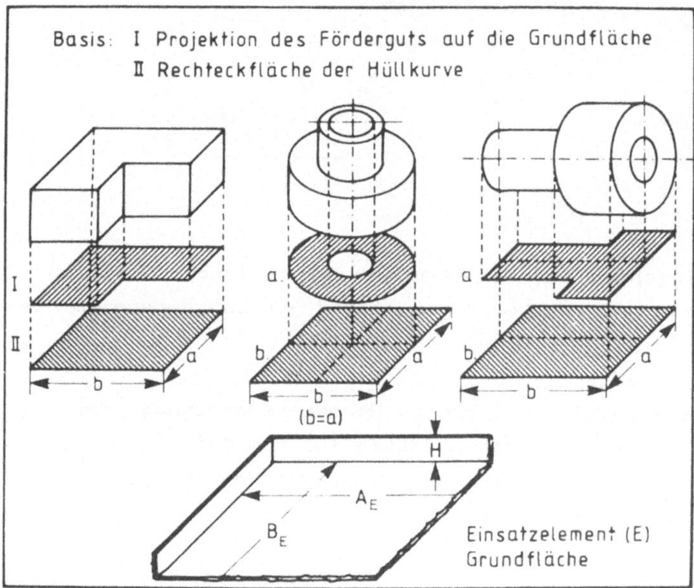

<u>Bild 45</u>: Grundlagen der Ermittlung von Kapazität und Kosten von Aufnahmeelementen

Darüberhinaus fallen bei der Kapazitätsermittlung für baukastenartige Magazinpaletten noch Angaben zur Anzahl der jeweils benötigten Baukastenelemente an. Diese Anzahl kann dann jeweils mit

den einzelnen Kostenwerten verknüpft werden und führt zu den Gesamtkosten der betrachteten Magazingestalt.

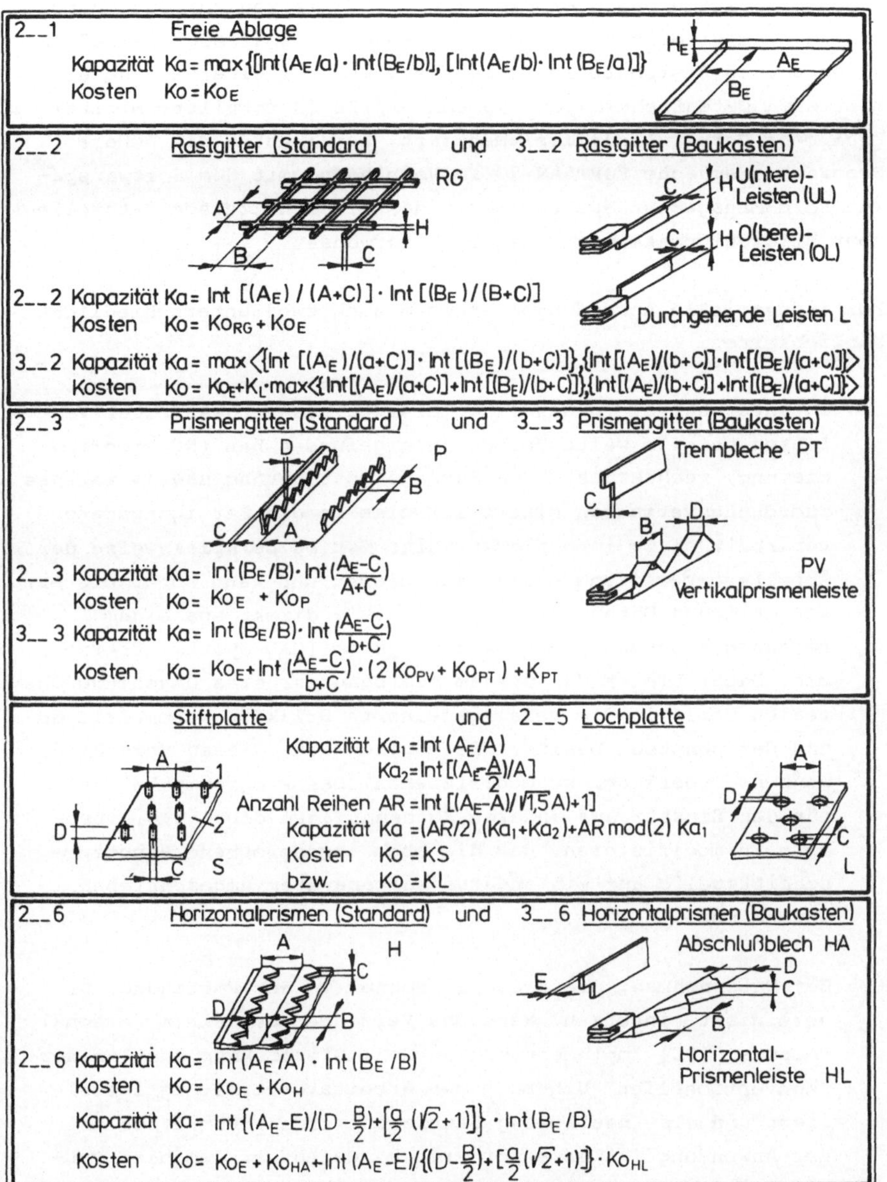

Bild 46: Ermittlung von Kapazität und Kosten von Aufnahmeelementen

Probeweise wurde das hier diskutierte "Verfahren zur Zuordnung
von Aufnahmeelementen für Rotations- und prismatische Teile" in
allen seinen Bestandteilen realisiert und auf einer Anlage der
mittleren Datentechnik von Typ VAX 11/780 (Hersteller: Digital
Equipment Corporation) implementiert. Dabei wurde die höhere
Programmiersprache FORTRAN 77 in Verbindung mit dem Softwarepa-
ket Form Management System (FMS), das die Benutzerschnittstelle
über Bildschirmmasken unterstützt, verwendet.

Für industrielle Anwendungen ergeben sich zwei unterschiedliche
Möglichkeiten:

- In Unternehmen, in denen der Einsatz rechnergestützter Verfahren bereits weite Verbreitung gefunden hat (NC-Program-
  mierung, rechnergestützte Fertigungssteuerung usw.), ist das
  Zuordnungsverfahren sinnvollerweise in die Fertigungsdaten-
  verarbeitung zu integrieren. Hier ist es beispielsweise der
  Arbeitsvorbereitung direkt zugeordnet und kann sogar die erforderlichen Daten zur Teilegeometrie direkt aus einem
  rechnergestützten Konstruktionssystem (CAD-System) überneh-
  men. Dabei bietet das System dem Benutzer eine Umsetzung des
  realen Teils in die verallgemeinerte Hüllkörpergeometrie an
  und der Benutzer besitzt die Möglichkeit, diesen Vorschlag,
  wenn erforderlich, zu modifizieren. Das Programmpaket ist
  für den Einsatz auf anderen Rechenanlagen dabei u.U. insofern zu modifizieren, daß die oben angesprochene Benutzerschnittstelle auf ein anderes Maskensystem umgeschrieben
  werden muß.

- Bei Unternehmen, die bislang Rechner in der Fertigung nur
  vereinzelt einsetzen, kann das Verfahren auf einem Personal
  Computer (PC) implementiert werden. Dieser kann auch in der
  "konventionellen" Umgebung der Arbeitsvorbereitung installiert und als Insellösung betrieben werden. Für diese Art
  der Anwendung ist es erforderlich, gegenüber dem hier vorliegenden Programmpaket die Benutzerschnittstelle den Mög-

lichkeiten des PC anzupassen.

In beiden Anwendungsfällen wird mit der Erstellung der Arbeitspapiere auch die Auflistung der benötigten Magazinelemente sowie des Montageplans für die einzelne Magazinieraufgabe ausgedruckt und in die Fertigung gegeben.

8.1   Anforderungen des Verfahrens an die
           EDV-Hardware-Konfiguration

Die Anforderungen, die das Verfahren an die Rechenanlage stellt, auf der es betrieben werden soll, konzentrieren sich auf den Speicherplatzbedarf, einen FORTRAN 77-Compiler und ein Maskenverarbeitungssystem, das eine ergonomische Gestaltung der Bedienerschnittstelle ermöglicht.

- Speicherplatzbedarf des lauffähigen Programms:
  Probeversion (nicht speicherplatzoptimiert) 64 kByte, davon
  ca. 15 % für die Gestaltung der Benutzerschnittstelle. In
  einer speicherplatzoptimierten Version sollte sich der erforderliche Speicherplatzbedarf um ca. 10 % reduzieren lassen.

- externe Speicherkapazität:
  175 Byte je Magazingestalt (100 Arten der Magazingestalt -> 18 kByte,
  105 Byte je Teil (5.000 unterschiedliche Teile -> 525 kByte,
  60 Byte je Ergebnis (5.000 Ergebnisse bzw. Teile -> 300 kByte,

Damit ist das Programmpaket auf PC's problemlos implementierbar und bei Einsatz z.B. eines Winchester-Plattenlaufwerks mit extrem kurzen Reaktionszeiten (Akzeptanzsteigerung) betreibbar.

8.2   Modularisierung und Strukturierung in Verfahrensele-
         mente

Zur Programmierung des Verfahrens wurde zunächst die Gesamtfunk-
tion modularisiert und in Form von Nassi-Shneiderman Diagrammen
/52/ aufbereitet (<u>Bild 47</u>).

8.2.1   Hauptfunktionen "Verwaltung"

Bei der Funktionsanalyse des Verfahrens bzw. Programmpakets wurde zunächst eine Unterscheidung zwischen den Verwaltungsfunktio-
nen für

- Magazingestalt (Aufnahmen),
- Teile und
- Ergebnisse

getroffen. Zur Verwaltung der Daten der aufgeführten Objekte
sind unterschiedliche Funktionen erforderlich. Sind für die Verwaltung der Magazinpaletten (Aufnahmen) noch alle Funktionen zum

o   Auflisten von Aufnahmen,
o   Löschen von Aufnahmen,
o   Eingeben von Aufnahmen und
o   Ändern von Aufnahmen

erforderlich und realisiert worden, so werden für die Teile nur
noch dié Funktionen

o   Auflisten von Teilen,
o   Löschen von Teilen,

benötigt, da das Eingeben bzw. Ändern von Teilen in das Hauptmo-
dul "Auswahl (= Zuordnung) von Aufnahmen" integriert wurde, um
keine Teileänderung ohne gleichzeitige Neuzuordnung der Magazingestalt zuzulassen.

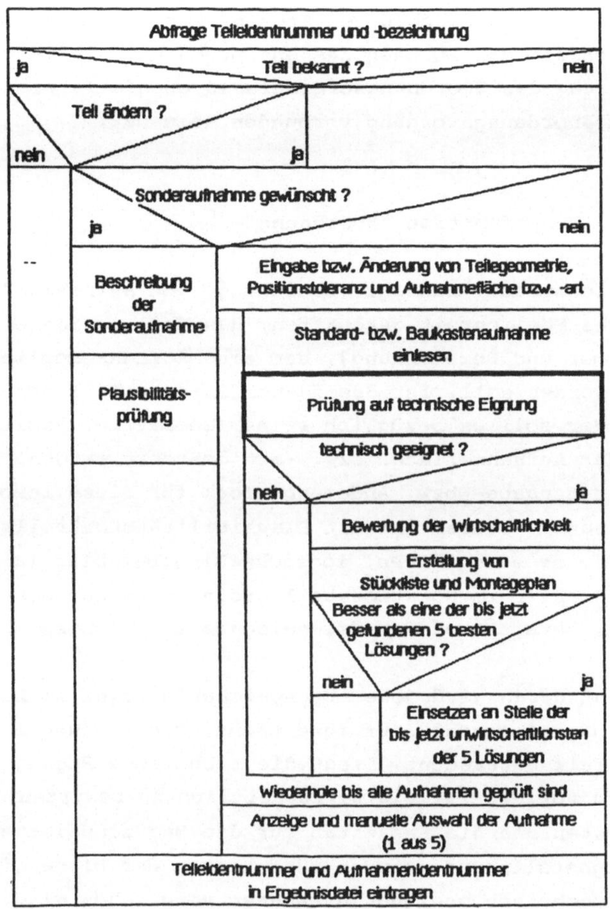

<u>Bild 47</u>: Nassi-Shneiderman-Diagramm zur Ablaufbeschreibung des
Zuordnungsvorgangs

Zur Bearbeitung der Ergebnisse schließlich wurde nur noch die
Funktion

o Auflisten von Ergebnissen

ermöglicht, da das Löschen von Ergebnissen sinnvollerweise nur
über gleichzeitiges Löschen des entsprechenden Teils erfolgt und
eine Änderung des Zuordnungsergebnisses ebenfalls wieder mit einem neuen Zuordnungsvorgang verbunden sein muß.

8.2.2 Hauptfunktion "Zuordnung"

Zum Funktionsmodul "Auswahl (Zuordnung) von Aufnahmen" wurde zunächst eine Möglichkeit geschaffen, das Teil zu identifizieren
(Identnummer und Bezeichnung), dem eine Aufnahmemöglichkeit zugeordnet werden soll. Ist das identifizierte Teil dem System un-
bekannt oder soll es bezüglich seiner Geometrie, Positionstoleranz oder Aufnahmefläche bzw. -art geändert werden, so ist zunächst ein Eingabe- bzw. Änderungsblock für diese Informationen
zu durchlaufen. Dieser ist mit Plausibilitätskontrollen verknüpft, die es ermöglichen, logische Eingabefehler (z.B. Boh-
rungsdurchmesser im Rotationsteil größer Außendurchmesser Rotationsteil) bereits bei der Teileeingabe zu erkennen.

Im Anschluß daran wird jede abgespeicherte (d.h. am Lager verfügbare) Magazingestalt auf ihre technische Eignung für das an-
gegebene Teil untersucht. Liegt die technische Eignung der Magazinpalette vor, so ist sie wirtschaftlich zu bewerten, indem die
Montagekosten und die Kapazität für die Magazinpalette einander
gegenübergestellt und mit den fünf besten der bisher für das
Teil als technisch geeignet erkannten verglichen wird. Ist die
aktuell untersuchte Magazingestalt wirtschaftlich günstiger bewertet als eine der fünf Vergleichslösungen, so wird die unwirt-
schaftlichste der fünf Vergleichslösungen durch die aktuelle Lösung überschrieben.

Sind alle verfügbaren Magazinpaletten auf ihre Eignung für das
untersuchte Teil hin überprüft, werden dem Bediener des Systems
die fünf wirtschaftlichsten Lösungen angeboten. Aus der zugeordneten Angabe der jeweiligen Magazinkosten und -kapazitäten sowie
einem aus diesen beiden Angaben ermittelten Nutzwert jeder einzelnen Magazingestalt kann der Bediener unter Einschluß zusätzlicher, nicht formalisierbarer Randbedingungen (z.B. schlechte
Einsatzerfahrungen mit einer der Aufnahmen, Nichteignung einer
Aufnahme im Sonderfall) die schließlich geeignetste Magazinlö-
sung für das Teil auswählen (Bild 48).

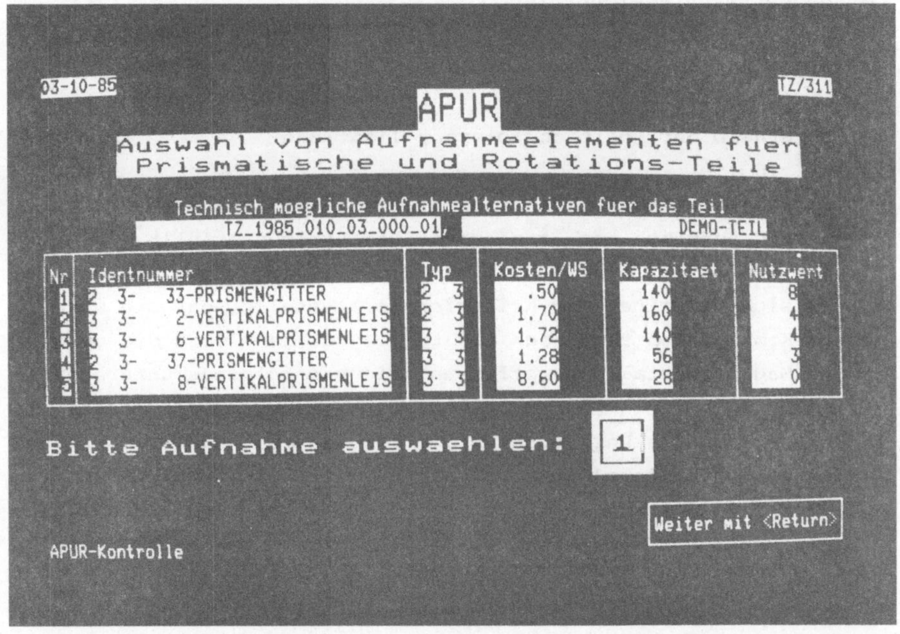

Nr	Identnummer	Typ	Kosten/WS	Kapazitaet	Nutzwert
1	2 3- 33-PRISMENGITTER	2 3	.50	140	8
2	3 3- 2-VERTIKALPRISMENLEIS	2 3	1.70	160	4
3	3 3- 6-VERTIKALPRISMENLEIS	3 3	1.72	140	4
4	2 3- 37-PRISMENGITTER	3 3	1.28	56	3
5	3 3- 8-VERTIKALPRISMENLEIS	3 3	8.60	28	0

Bild 48: Bildschirmmaske zur Auswahl und Kontrolle von
rechnerunterstützt zugeordneten Aufnahmen

8.2.3   Unterfunktion "Überprüfung der technischen Eignung"

Bei der Untersuchung der technischen Eignung einer aus den verfügbaren Lösungen herausgegriffenen Magazingestalt (Aufnahme)
für ein Teil wird wie folgt vorgegangen (Bild 49):

Zunächst wird für die Rohteilgeometrie untersucht, ob die Kombination Teil - Aufnahme

- grundsätzlich geeignet ist (Aufnahmeprinzip),

- geometrisch geeignet ist,

- kippsicher ist,

- innerhalb der Positionstoleranz liegt und

- im Falle der Horizontalprismen- bzw. Rastgitter-Bau-
   kasten-Aufnahme noch ergänzende Bedingungen erfüllt.

Sobald sich bei einem der Kriterien herausstellt, daß die untersuchte Kombination technisch nicht geeignet ist, wird die untersuchte Magazingestalt verworfen und die nachfolgende untersucht.

Im Anschluß an die Untersuchung der Kombination Rohteil - Magazingestalt wird die gleiche Untersuchung für die Kombination
Fertigteil - Magazingestalt durchgeführt, um sicherzustellen,
daß die untersuchte Magazingestalt das Teil in beiden Bearbei-
tungszuständen und mit hoher Wahrscheinlichkeit auch in den Zwi-
schenbearbeitungszuständen ordnungsgemäß aufnehmen kann.

8.3   Realisierung der Verfahrenskomponenten

Die Programmierung der Verfahrenskomponenten bzw. Funktionen
wurde im Anschluß an eine in vielen Stufen weitergeführte und
detaillierte Modularisierung und Strukturierung nach Nassi-
Shneiderman direkt daraus abgeleitet und schließlich in der
Sprache FORTRAN 77 programmiert.

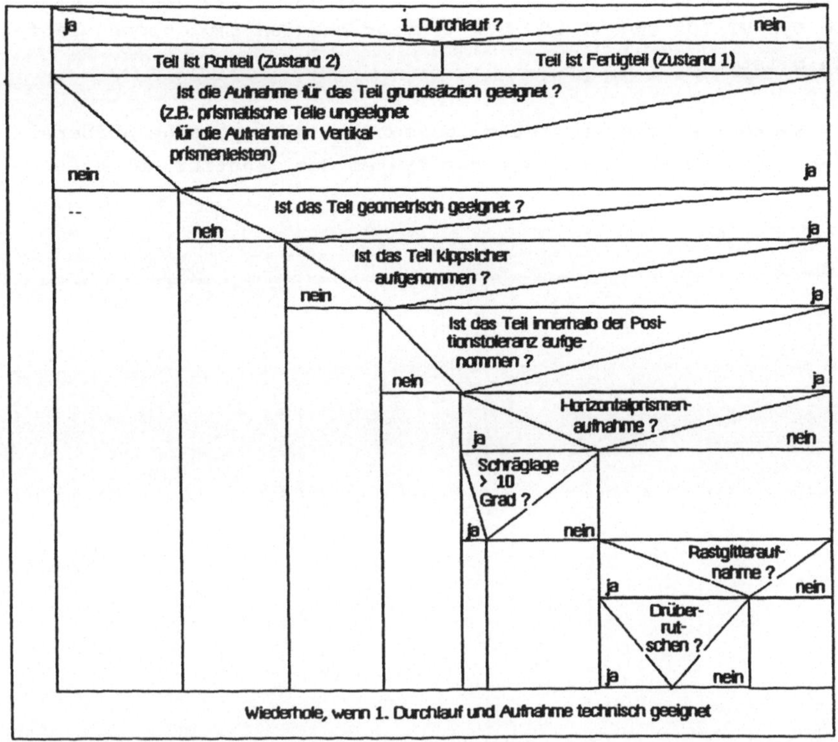

Bild 49: Nassi-Shneiderman-Diagramm zur Ablaufbeschreibung der Prüfung von Aufnahmen auf ihre technische Eignung für das Teil

8.4 Benutzeroberfläche

Zur ergonomischen Gestaltung der Benutzeroberfläche wurde ein
Bildschirm-Maskensystem eingesetzt, das auf Bildschirm-Terminals
vom Typ VT 100 und VT 200 bzw. entsprechenden Emulationen lauf-
fähig ist.

Das Maskensystem unterstützt inbesondere die optische Aufberei-
tung von Informationen, die das System dem Benutzer anbietet.

Wegen der zur statistischen Absicherung nicht ausreichenden Datenmenge und der auch bei entsprechendem Umfang begrenzten Aussagekraft einer Untersuchung der industriellen Anwendbarkeit ohne praktischen Einsatz des vorgestellten Magazinsystems und Zuordnungsverfahrens wurde für den Zweck der Erprobung eine Stichprobe aus vorliegenden Teilespektren durchgeführt. Mit Hilfe der Stichprobe kann anhand zufällig ausgewählter Werkstücke die grundsätzliche Einsetzbarkeit des Systems belegt werden.

Basis für die Untersuchung war das beschriebene Magazinsystem. Dabei wurde in vergleichsweise grober Stufung (10 unterschiedliche Magazinpaletten je Aufnahmeprinzip) ein Satz von Magazinpaletten zusammengestellt und in der Datenbank abgelegt.

9.1   Auswahl von Werkstücken

Für die Verifikation des Zuordnungsverfahrens wurden aus den verfügbaren Teilespektren vergleichsweise komplexe Teile in unterschiedlicher Geometrie ausgewählt, um die Geometrieflexibilität des Verfahrens darzustellen und zu überprüfen.

Bei diesen Teilen handelt es sich um:

1. Deckel (<u>Bild 50</u>)
   Ventildeckel aus dem Armaturenbau, der komplexe Formelemente besitzt, die die Hüllkörpergeometrie des Teils jedoch nicht soweit beeinflussen (Quader 90 mm x 69 mm x 26 mm), daß sie für die Aufnahmemöglichkeiten relevant wären.

2. Gehäuse (<u>Bild 51</u>)
   Ventilgehäuse aus dem Armaturenbau, das als Grundkörper ein Rotationsteil (Durchmesser 69 mm und Länge 144 mm) besitzt. Das zusätzliche Formelement "angesetzter Hohlzylinder" bewirkt, daß das Werkstück zum Zwecke der Aufnahmenzuordnung als prismatisches Teil angesehen werden muß.

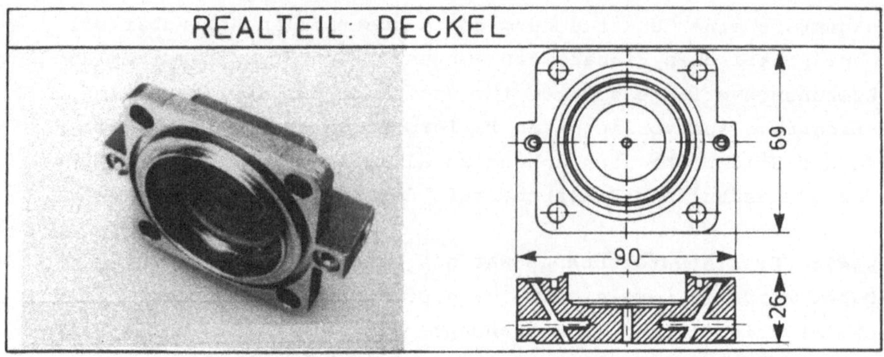

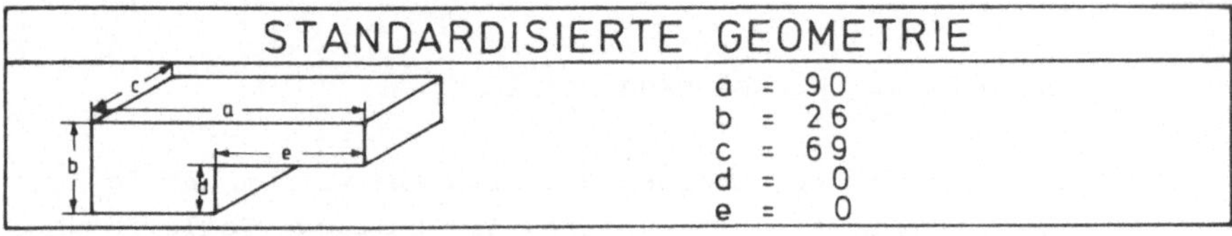

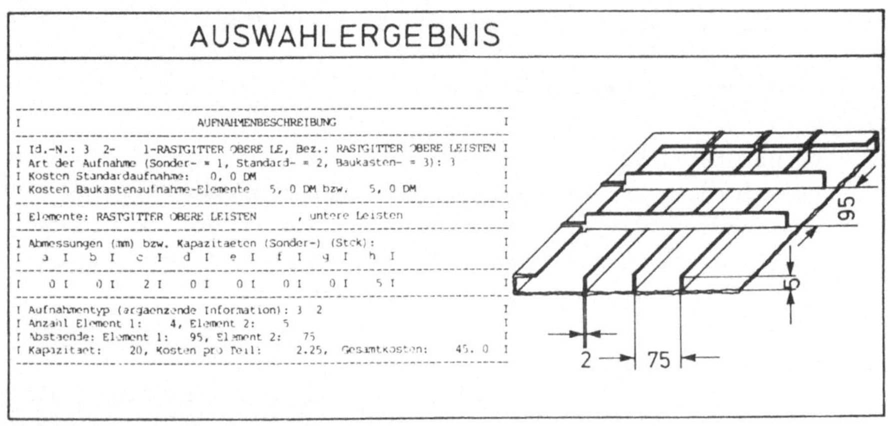


```
-------------------------------------------------------------------
I                     AUFNAHMENBESCHREIBUNG                        I
-------------------------------------------------------------------
I Id.-N.: 3 2-    1-RASTGITTER OBERE LE, Bez.: RASTGITTER OBERE LEISTEN I
I Art der Aufnahme (Sonder- = 1, Standard- = 2, Baukasten- = 3): 3    I
I Kosten Standardaufnahme:   0, 0 DM                                  I
I Kosten Baukastenaufnahme-Elemente   5, 0 DM bzw.   5, 0 DM          I
-------------------------------------------------------------------
I Elemente: RASTGITTER OBERE LEISTEN        , untere Leisten         I
-------------------------------------------------------------------
I Abmessungen (mm) bzw. Kapazitaeten (Sonder-) (Stck):               I
I    a  I    b  I    c  I    d  I    e  I    f  I    g  I    h  I
-------------------------------------------------------------------
I    0 I    0 I    2 I    0 I    0 I    0 I    0 I    5 I           I
-------------------------------------------------------------------
I Aufnahmentyp (ergaenzende Information): 3  2                       I
I Anzahl Element 1:    4, Element 2:    5                            I
I Abstaende: Element 1:    95, Element 2:    75                      I
I Kapazitaet:    20, Kosten pro Teil:    2.25,  Gesamtkosten:   45. 0 I
-------------------------------------------------------------------
```


Bild 50: Überprüfung des Zuordnungsergebnisses am Werkstück
— Deckel — (Maße in mm)

REALTEIL: GEHÄUSE

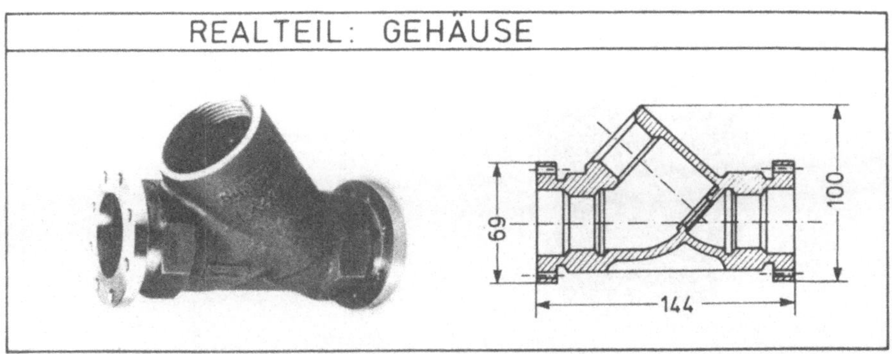

STANDARDISIERTE GEOMETRIE

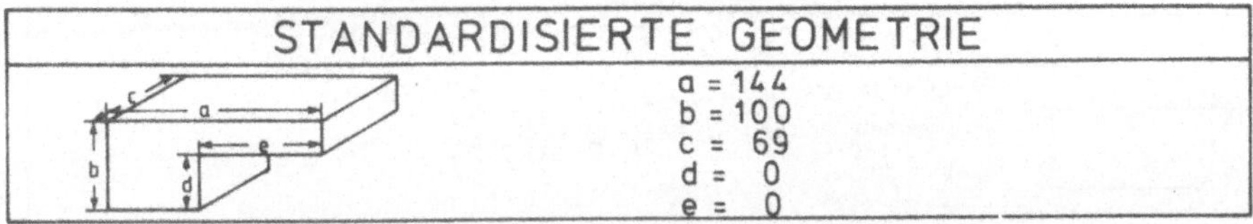

AUSWAHLERGEBNIS

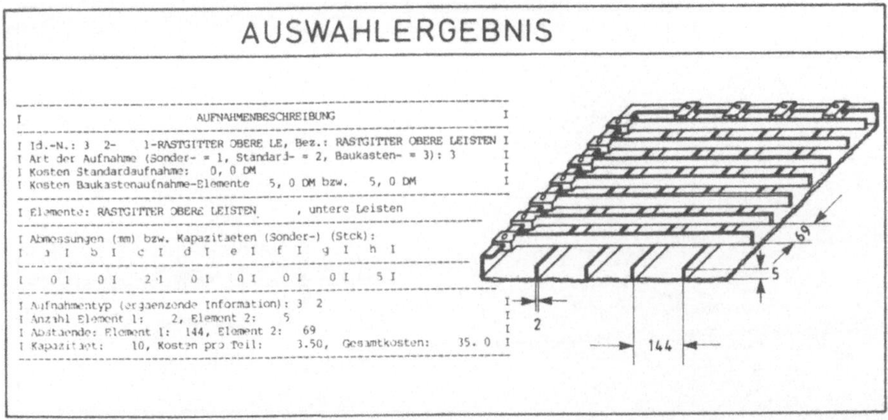

```
-------------------------------------------------------------------------
I                      AUFNAHMENBESCHREIBUNG                             I
-------------------------------------------------------------------------
I Id.-N.: 3  2-     1-RASTGITTER OBERE LE, Bez.: RASTGITTER OBERE LEISTEN I
I Art der Aufnahme (Sonder- = 1, Standard- = 2, Baukasten- = 3): 3       I
I Kosten Standardaufnahme:   0, 0 DM                                     I
I Kosten Baukastenaufnahme-Elemente  5, 0 DM bzw.   5, 0 DM              I

I Elemente: RASTGITTER OBERE LEISTEN      , untere Leisten

I Abmessungen (mm) bzw. Kapazitaeten (Sonder-) (Stck):
I   a  I  b  I   c  I  d  I   e  I   f  I   g  I  h  I

I   0 I   0 I   2 I   0 I   0 I   0 I   0 I   5 I

I Aufnahmentyp (ergaenzende Information): 3  2
I Anzahl Element 1:    2, Element 2:    5
I Abstaende: Element 1: 144, Element 2:  69
I Kapazitaet:    10, Kosten pro Teil:    3.50, Gesamtkosten:    35. 0 I
-------------------------------------------------------------------------
```

Bild 51: Überprüfung des Zuordnungsergebnisses am Werkstück
 - Gehäuse - (Maße in mm)

3. Fräser (**Bild 52**)

Zirkularfräser mit Plattensitzen für 4 Wendeschneidplatten,

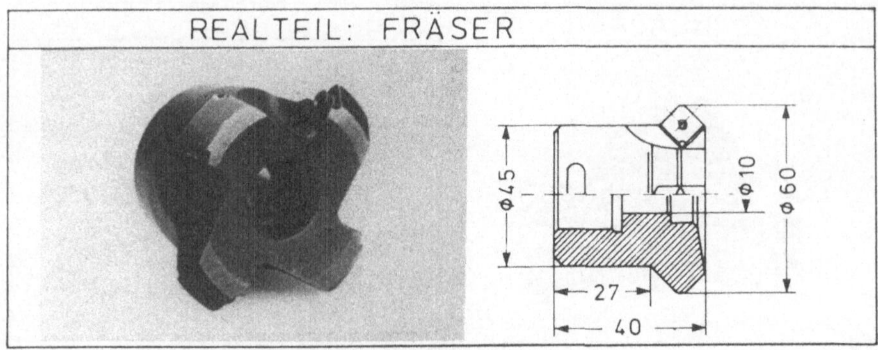

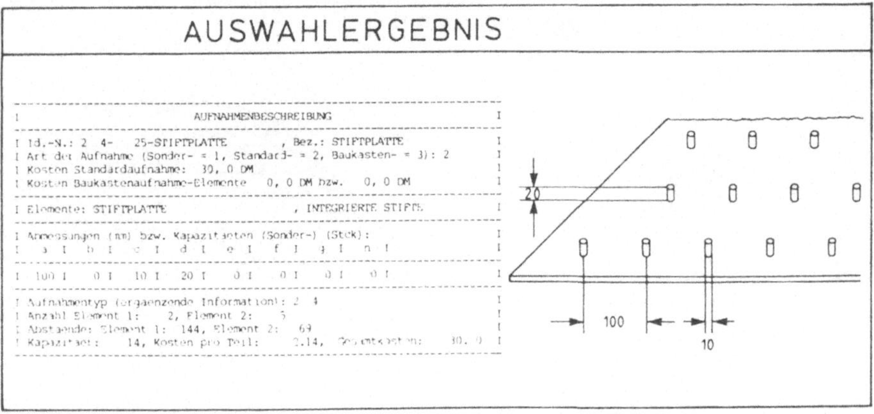

Bild 52: Überprüfung des Zuordnungsergebnisses am Werkstück
— Fräser — (Maße in mm)

Mitnehmernut und abgesetzter Zentralbohrung, Durchmesser 60 mm und Länge 40 mm.

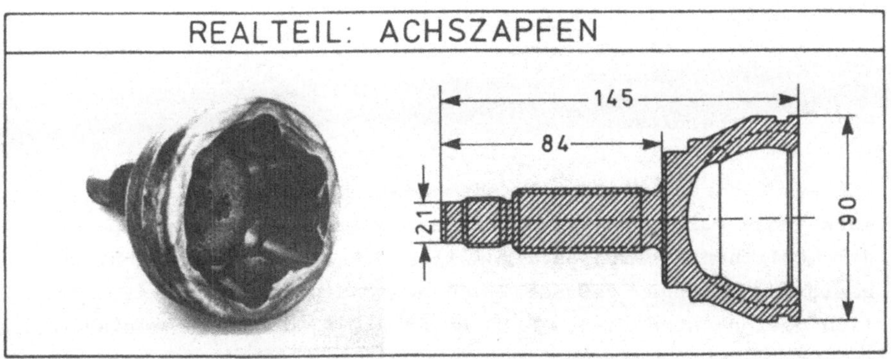

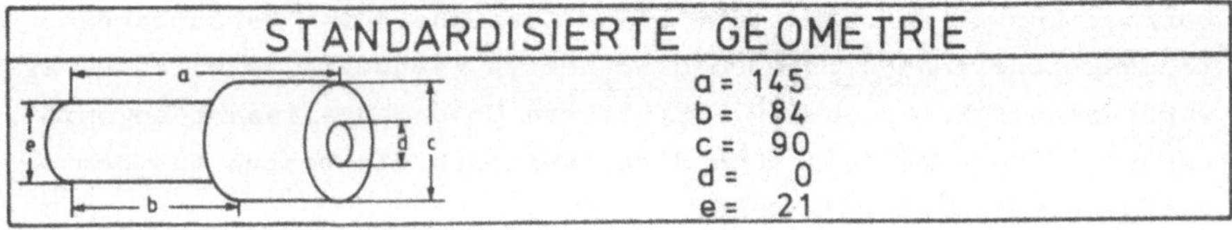

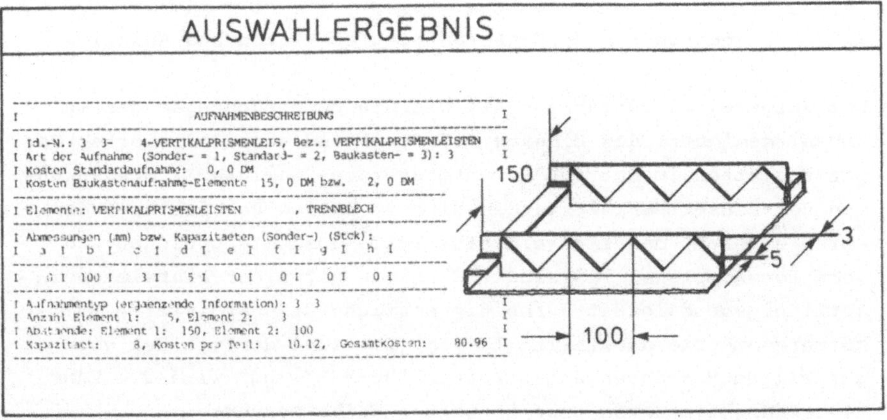

Bild 53: Überprüfung des Zuordnungsergebnisses am Werkstück
– Achszapfen – (Maße in mm)

4. Achszapfen (<u>Bild 53</u>)

    PKW-Achszapfen, bestehend aus Glocke und Mitnehmer mit Ver-
    zahnung sowie Gewinde am Zapfen in den Abmessungen 90 mm
    (Durchmesser) x 145 mm (Länge).

9.2   Ergebnisse

Bei der Untersuchung der Aufnahmemöglichkeiten für die vier
Werkstücke wurden in allen Fällen aus dem vorgegebenen Spektrum
der möglichen Magazingestalt zwischen zwei und fünf technisch
geeignete Lösungen gefunden, von denen die jeweils wirtschaftlich geeignetsten in den <u>Bildern 50 bis 53</u> dargestellt sind.

Die ermittelten Ergebnisse wurden einer Plausibilitäts-
betrachtung unterzogen und mit der Gesamtheit der verfügbaren
(abgespeicherten) Aufnahmemöglichkeiten "manuell" verglichen. Es
wurde nachgeprüft, ob die ermittelten Lösungen allesamt sowohl
technisch geeignet als auch wirtschaftlich die besten aus dem
verfügbaren Spektrum waren.

9.3   Ansätze für Verbesserungsmöglichkeiten und Ausblick

Das aufgezeigte Verfahren ist, wie die Untersuchungen gezeigt
haben, geeignet, den Einsatz modularer und standardisierter Magazinpaletten im Betrieb zu unterstützen. Gewisse Einschränkun-
gen der Einsetzbarkeit werden sich im realen Betrieb u.U. dadurch ergeben, daß sich einzelne Teile aus umfangreichen und
sehr formkomplexen Teilespektren nicht mit einer hinreichenden
Abbildungsgenauigkeit durch die einfache standardisierte Hüllkörpergeometrie darstellen lassen. Im Sinne der mit dem vorgestellten Verfahren angestrebten "90 %-Lösung" wird die Funk-
tionsfähigkeit davon aber in keiner Weise berührt.

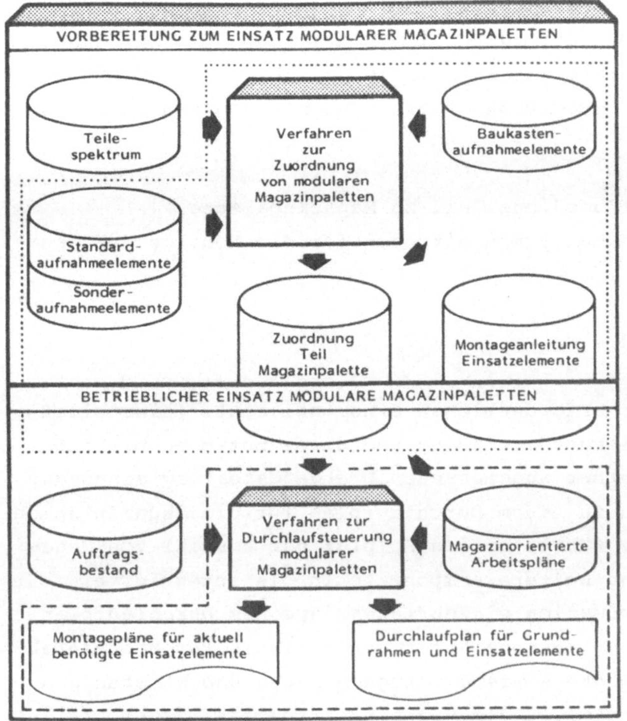

Bild 54: Ergänzungsmöglichkeit des entwickelten Verfahrens zur Integration in den betrieblichen Ablauf

Für den Betrieb mit automatisierten Handhabungseinrichtungen ist in einer Weiterentwicklung sinnvollerweise der Schwerpunkt auf die Einbindung der geometrischen Gestalt des Handhabungsgreifers in das Zuordnungsverfahren zu legen, da eine ganzheitliche Planung von Produktionszellen in der Idealform Fördermittel, Förderhilfs- bzw. Bereitstellungsmittel, Handhabungssystem und Bearbeitungseinheit gemeinsam zu betrachten hat. Die Zugänglichkeit und Greifbarkeit der zu handhabenden Teile in der Magazinpalette ist hier noch in das Zuordnungsverfahren zu integrieren.

Die Integration des erarbeiteten Zuordnungsverfahrens in Produktionsplanungssysteme (PPS) wird ein weiterer Schritt zur Verbesserung der Einsatzfähigkeit sein (Bild 54). Dies wird sinnvollerweise in der Art geschehen, daß, ausgehend von den Eingangsdaten

- Ergebnisdatei (Zuordnung Teil zu Magazinpalette),
- Stücklisten und Montageanleitungen für die Montage der Magazinpaletten,
- Arbeitspläne und
- Auftragsbestand

eine Festlegung der erforderlichen Einsatzelemente (einschließlich der Aufnahmeelemente) erfolgt und diese zusammen mit den Loslaufzeiten und einer angemessenen Übergangszeit zwischen den einzelnen Stationen zu einem Durchlaufplan für die Magazinrahmen und Einsatzelemente führt, um den Komplex der Auswahl von Magazinpaletten als eine weitere Komponente in die integrierte, rechnergeführte Produktion einzubringen. Aus dem Durchlaufplan können dann zeitpunktbezogene Anforderungslisten für Magazinrahmen und Einsatzelemente sowie die zugeordneten Stücklisten und Montagepläne ermittelt und dem Magazinmontageplatz zugeführt werden.

Die konstruktive Gestalt von Magazinpaletten als bedeutendes
Förderhilfs- und Bereitstellungsmittel in der industriellen Produktion muß sich den veränderten Anforderungen an Materialflußsysteme und besonders an Förderhilfs- und Bereitstellungsmittel
anpassen. Hierzu gehört insbesondere, daß die Schnittstellen von
Magazinpaletten vereinheitlicht und auf das Zusammenwirken mit
den Fördermitteln hin abgestimmt werden. Diese Abstimmung muß
durch eine Flexibilisierung gegenüber den Teilen ergänzt werden.
Hinsichtlich der Teilevielfalt, vor allem aber auch im Hinblick
auf reduzierte Volumina der Fördereinheiten muß durch eine geeignete konstruktive Auslegung von Magazinpaletten die Flexibilität erhöht werden. Dadurch kann auch der nahtlose Übergang von
der Fertigung zur Montage, dessen Bedeutung allgemein erkannt
ist, erleichtert werden.

Es wurde deshalb in dieser Arbeit ein modulares Magazinsystem
entwickelt, das aus wenigen Baukastenelementen zusammengesetzt,
ein breites Spektrum industrieller Förder- und Bereitstellungsaufgaben abdecken kann. Die einzelne Magazinpalette wird dabei
aus der Kombination von Grundrahmen und jeweils sechs Einsatzelementen gebildet. In den Einsatzelementen werden dann die Aufnahmeelemente angebracht, die für unterschiedliche Teile insgesamt sechs verschiedene Aufnahmeprinzipien ermöglichen.

Zur Unterstützung des Einsatzes von Magazinsystemen wurde ein
Verfahren erarbeitet, für die EDV umgesetzt und implementiert,
das es ermöglicht, aus den verfügbaren Baukastenelementen des Magazinsystems die technisch geeigneten Magazinpaletten zusammen-
zustellen und diese nach Wirtschaftlichkeitskriterien zu bewerten. Dieses Zuordnungsverfahren ermöglicht, aus der Gesamtmenge
der aus dem Magazinsystem kombinierbaren Magazinpaletten die
technisch für die Aufnahme einzelner Teile geeigneten zu finden
und ihren Einsatz wirtschaftlich zu bewerten.

Zunächst jedoch mußten die Voraussetzungen für die Entwicklung eines solchen Zuordnungsverfahrens geschaffen werden. Eine verallgemeinerte Beschreibung der Hüllkörpergeometrie von Rotations- und prismatischen Teilen wurde hierfür ebenso entwickelt wie ein Beschreibungssystem für die Aufnahme von Teilen in Magazinpaletten.

Die industrielle Einsetzbarkeit des Zuordnungsverfahrens wurde, soweit dies ohne praktischen Einsatz nachweisbar ist, anhand von Stichproben aus unterschiedlichen Teilespektren geprüft und ergab eine günstige Perspektive für die Einsetzbarkeit sowohl des Magazinsystems als auch des dazugehörenden Verfahrens. Wenn ein (in Vorbereitung befindliches) Magazinsystem auf der Basis dieser Arbeit käuflich ist, wird das Zuordnungsverfahren in der Praxis eingesetzt und optimiert werden können.

IPA Forschung und Praxis
Schriftenreihe aus dem Institut für Produktionstechnik und Automatisierung, Stuttgart

Herausgeber: Prof. Dr.-Ing. H. J. Warnecke

Datenerfassung im Produktionsbereich
Von E. Bendeich. ISBN 3-7830-0117-8.
1977, 176 Seiten, kartoniert.   54,— DM

Methodenauswahl für die Materialbewirtschaftung in Maschinenbau-Betrieben
Von H. Graf. ISBN 3-7830-0136-6.
1977, 144 Seiten, kartoniert.   54,— DM

Systematische Auswahl von Förderhilfsmitteln für den innerbetrieblichen Materialfluß
Von W. Rau. ISBN 3-7830-0139-0.
1977, 103 Seiten, kartoniert.   40,— DM

Grundlagen zur Planung von Ersatzteilfertigungen
Von E. Schulz. ISBN 3-7830-0138-2.
1977, 98 Seiten, kartoniert.   40,— DM

Rechnerunterstützte Fabrikplanung
Von B. Minten. ISBN 3-7830-0116-1.
1977, 124 Seiten, kartoniert.   38,— DM

Eine Planungsmethode für automatische Montagesysteme
Von H.-G. Löhr. ISBN 3-7830-0120-X.
1977, 108 Seiten, kartoniert.   32,— DM

Planung und Bewertung von Arbeitssystemen in der Montage
Von H. Metzger. ISBN 3-7830-0131-5.
1977, 108 Seiten, kartoniert.   40,— DM

Klassifizierungssystem für Prüfmittel der industriellen Längenprüftechnik
Von R. Czetto. ISBN 3-7830-0144-7.
1978, 181 Seiten, kartoniert.   64,— DM

Rechnerunterstützte Montageplanung
Von O. Hirschbach. ISBN 3-7830-0149-8
1978, 146 Seiten, kartoniert.   52,— DM

Rechnerunterstützte Entwicklung von Simulationsmodellen für Unternehmensplanspiele
Von A. Moker. ISBN 3-7830-0147-1.
1978, 181 Seiten, kartoniert.   64,— DM

Arbeitsplatzanalysen zur Ermittlung der Einsatzmöglichkeiten und Anforderungen an Industrieroboter
Von G. Herrmann. ISBN 37830-0151-X.
1978, 113 Seiten, kartoniert.   40,— DM

MFSP — Ein Verfahren zur Simulation komplexer Materialflußsysteme
Von G. Stemmer. ISBN 3-7830-0118-8.
1977, 140 Seiten, kartoniert.   60,— DM

Berührungslose Erkennung durch Positionsbestimmung von Objekten durch inkohärent-optische Korrelation
Von M. König. ISBN 3-7830-0137-4.
1977, 110 Seiten, kartoniert.   40,— DM

Auslegung von Störungspuffern in kapitalintensiven Fertigungslinien
Von R. v. Stetten. ISBN 3-7830-0140-4.
1977, 154 Seiten, kartoniert.   56,— DM

Flexible Transportablaufsteuerung
Von G. Romer. ISBN 3-7830-0114-5.
1977, 188 Seiten, kartoniert.   60,— DM

Rechnergestützte Realplanung von Fabrikanlagen
Von T.-K. Sauter. ISBN 3-7830-0119-6.
1977, 108 Seiten, kartoniert.   32,— DM

Systematisches Auswählen und Konzipieren von programmierbaren Handhabungsgeräten
Von R. D. Schraft. ISBN 3-7830-0115-3.
1977, 108 Seiten, kartoniert.   32,— DM

Auslandsproduktion
Von W. Cypris. ISBN 3-7830-0145-5.
1978, 126 Seiten, kartoniert.   42,— DM

Wirtschaftlicher Einsatz von Mehrkoordinatenmeßgeräten
Von M. Dietzsch. ISBN 3-7830-0148-X.
1978, 142 Seiten, kartoniert.   52,— DM

Fertigungssteuerung bei flexiblen Arbeitsstrukturen
Von K.-G. Lederer. ISBN 3-7830-0146-3.
1978, 128 Seiten, kartoniert.   42,— DM

Untersuchungen zum Polieren und Entgraten durch elektrochemisches Oberflächenabtragen
Von K. Zerweck. ISBN 3-7830-0150-1.
1978, 110 Seiten, kartoniert.   40,— DM

Stufenweise Ableitung eines praktischen Planungssystems für den Entwicklungsbereich
Von R. Hichert. ISBN 3-7830-0149-8.
1978, 151 Seiten, kartoniert.   52,— DM

Produktionsplanung mit Auftragsfamilien
Von U. W. Geitner. ISBN 3-7830-0161.7.
1979, 110 Seiten, kartoniert.   45,— DM

Thermisch-chemisches Entgraten
Von T. Wagner. ISBN 3-7830-0164-1.
1979, 111 Seiten, kartoniert.   45,— DM

Untersuchung der Materialflußkosten bei ausgewählten Systemen der Zentralen Arbeitsverteilung
Von R. Wenzel. ISBN 3-7830-0162-5.
1979, 168 Seiten, kartoniert.   86,— DM

Anpassung und Einführung eines Planungssystems für die Ablaufplanung im Konstruktionsbereich
Von W. Dangelmaier. ISBN 3-7830-0163-3.
1979, 168 Seiten, kartoniert.   80,— DM

Längenmessungen an bewegten Teilen mit berührungslos wirkenden Aufnehmern
Von H. Lang. ISBN 3-7830-0157-9.
1979, 89 Seiten, kartoniert.   42,— DM

Untersuchung multistabiler Strömungselemente und ihr Einsatz in sequentiellen Steuerungen
Von A. Ernst. ISBN 3-7830-0157-9.
1979, 122 Seiten, kartoniert.   48,— DM

Taktile Sensoren für programmierbare Handhabungsgeräte
Von M. Schweizer. ISBN 3-7830-0158-7.
1979, 91 Seiten, kartoniert.   42,— DM

Die rechnerunterstützte Prüfplanung
Von P. Blasing. ISBN 3-7830-0152-8.
1979, 100 Seiten, kartoniert.   44,— DM

Verfahren zur Fabrikplanung im Mensch-Rechner-Dialog am Bildschirm
Von W. Ernst. ISBN 3-7830-0156-0.
1979, 218 Seiten, kartoniert.   72,— DM

Rechnerunterstütztes Verfahren zur Leistungsabstimmung von Mehrmodell-Montagesystemen
Von M. Gorke. ISBN 3-7830-0155-2.
1979, 139 Seiten, kartoniert.   50,— DM

Standortbezogene Betriebsmittel
Von G. Pflieger. ISBN 3-7830-0167-6.
1979, 127 Seiten, kartoniert.   52,— DM

Die betriebswirtschaftliche Beurteilung neuer Arbeitsformen
Von B.-H. Zippe. ISBN 3-7830-0168-4.
1979, 350 Seiten, kartoniert.   98,— DM

Untersuchung des Arbeitsverhaltens programmierbarer Handhabungsgeräte
Von B. Brodbeck. ISBN 3-7830-0169-2.
1979, 117 Seiten, kartoniert.   48,— DM

Untersuchung eines kohärent-optischen Verfahrens zur Rauheitsmessung
Von N. Rau. ISBN 3-7830-0174-9
1979, 117 Seiten, kartoniert.   48,— DM

Entwicklung einer programmierbaren, pneumatischen Steuerung
Von D. Klemenz. ISBN 3-7830-0171-4.
1979, 93 Seiten, kartoniert.   42,— DM

IPA Forschung und Praxis

Berichte aus dem Fraunhofer-Institut für Produktionstechnik und
Automatisierung, Stuttgart, und dem Institut für Industrielle Fertigung
und Fabrikbetrieb der Universität Stuttgart

Herausgeber: Prof. Dr.-Ing. H. J. Warnecke

IPA-IAO Forschung und Praxis

Berichte aus dem Fraunhofer-Institut für Produktionstechnik und
Automatisierung (IPA), Stuttgart, Fraunhofer-Institut für Arbeitswirtschaft
und Organisation (IAO), Stuttgart, und Institut für Industrielle Fertigung
und Fabrikbetrieb der Universität Stuttgart

Herausgeber: Prof. Dr.-Ing. H. J. Warnecke und Prof. Dr.-Ing. H.-J. Bullinger

Die Bände sind im Erscheinungsjahr und in den folgenden drei Kalenderjahren zu beziehen durch den
örtlichen Buchhandel oder durch Lange & Springer, Heidelberger Platz 3, D-1000 Berlin 33.